HITE 6.0
培养体系

HITE 6.0全称厚溥信息技术工程师培养体系第6版，是武汉厚溥企业集团推出的"厚溥信息技术工程师培养体系"，其宗旨是培养适合企业需求的IT工程师，该体系被国家工业和信息化部人才交流中心鉴定为国家级计算机人才评定体系，凡通过HITE课程学习成绩合格的学生将获得国家工业和信息化部颁发的"全国计算机专业人才证书"，该体系教材由清华大学出版社全面出版。

HITE 6.0是厚溥最新的职业教育课程体系，该职业体系旨在培养移动互联网开发工程师、智能应用开发工程师、企业信息化应用工程师、网络营销技术工程师等。它的独特之处在于每年都要根据技术的发展进行课程的更新。在确定HITE课程体系之前，厚溥技术中心专业研究员在IT领域和一些非IT公司中进行了广泛的行业调查，以了解他们在目前和将来的工作中会用到的数据库系统、前端开发工具和软件包等应用程序，每个产品系列均以培养符合企业需求的软件工程师为目标而设计。在设计之前，研究员对IT行业的岗位序列做了充分的调研，包括研究从业人员技术方向、项目经验和职业素质等方面的需求，通过对面向学生的自身特点、行业需求与现状以及实施等方面的详细分析，结合厚溥对软件人才培养模式的认知，按照软件专业总体定位要求，进行软件专业产品课程体系设计。该体系集应用软件知识和多领域的实践项目于一体，着重培养学生的熟练度、规范性、集成和项目能力，从而达到预定的培养目标。整个体系基于ECDIO工程教育课程体系开发技术，可以全面提升学生的价值和学习体验。

U0285758

一、移动互联网开发工程师

在移动终端市场竞争下，为赢得更多用户的青睐，许多移动互联网企业将目光瞄准在应用程序创新上。如何开发出用户喜欢，并能带来巨大利润的应用软件，成为企业思考的问题，然而这一切都需要移动互联网开发工程师来实现。移动互联网开发工程师成为求职市场的宠儿，不仅薪资待遇高，福利好，更有着广阔的发展前景，倍受企业重视。

移动互联网企业对Android和Java开发工程师需求如下：

已选条件：	Java(职位名)	Android(职位名)
共计职位：	共51014条职位	共18469条职位

1. 职业规划发展路线

Android				
★	★★	★★★	★★★★	★★★★★
初级Android 开发工程师	Android 开发工程师	高级Android 开发工程师	Android 开发经理	移动开发 技术总监
Java				
★	★★	★★★	★★★★	★★★★★
初级Java 开发工程师	Java 开发工程师	高级Java 开发工程师	Java 开发经理	技术总监

2. 素质能力提升路径

1 大学生	2 大学生活	3 学习习惯	4 职业目标	5 沟通表达	6 自我管理
12 准职业人	11 职业路线	10 求职技能	9 就业意识	8 融入团队	7 形象礼仪

3. 专业技能提升路径

1 大学生	2 计算机基础	3 编程基础	4 软件工程	5 数据库	6 网站技术
12 准职业人	11 产品规划	10 项目技能	9 高级应用	8 APP开发	7 基础应用

4. 项目介绍

(1) 酒店点餐助手

(2) 音乐播放器

二、智能应用开发工程师

随着物联网技术的高速发展,我们生活的整个社会智能化程度将越来越高。在不久的将来,物联网技术必将引起我国社会信息的重大变革,与社会相关的各类应用将显著提升整个社会的信息化和智能化水平,进一步增强服务社会的能力,从而不断提升我国的综合竞争力。智能应用开发工程师未来将成为热门岗位。

智能应用企业每天对.NET开发工程师需求约15957个需求岗位(数据来自51job):

已选条件:	.NET(职位名)
共计职位:	共15957条职位

1. 职业规划发展路线

★	★★	★★★	★★★★	★★★★★
初级.NET 开发工程师	.NET 开发工程师	高级.NET 开发工程师	.NET 开发经理	技术总监
★	★★	★★★	★★★★	★★★★★
初级 开发工程师	智能应用 开发工程师	高级 开发工程师	开发经理	技术总监

2. 素质能力提升路径

1 大学生	2 大学生活	3 学习习惯	4 职业目标	5 沟通表达	6 自我管理
12 准职业人	11 职业路线	10 求职技能	9 就业意识	8 融入团队	7 形象礼仪

3. 专业技能提升路径

1 大学生	2 计算机基础	3 编程基础	4 软件工程	5 数据库	6 网站技术
12 准职业人	11 产品规划	10 项目技能	9 高级应用	8 智能开发	7 基础应用

4. 项目介绍

(1) 酒店管理系统

(2) 学生在线学习系统

三、企业信息化应用工程师

当前，世界各国信息化快速发展，信息技术的应用促进了全球资源的优化配置和发展模式创新，互联网对政治、经济、社会和文化的影响更加深刻，围绕信息获取、利用和控制的国际竞争日趋激烈。企业信息化是经济信息化的重要组成部分。

IT企业每天对企业信息化应用工程师需求约11248个需求岗位（数据来自51job）：

已选条件：	ERP实施(职位名)
共计职位：	共11248条职位

1. 职业规划发展路线

初级实施工程师	实施工程师	高级实施工程师	实施总监
信息化专员	信息化主管	信息化经理	信息化总监

2. 素质能力提升路径

1 大学生	2 大学生活	3 学习习惯	4 职业目标	5 沟通表达	6 自我管理
12 准职业人	11 职业路线	10 求职技能	9 就业意识	8 融入团队	7 形象礼仪

3. 专业技能提升路径

1 大学生	2 计算机基础	3 编程基础	4 软件工程	5 数据库	6 网站技术
12 准职业人	11 产品规划	10 项目技能	9 高级应用	8 实施技能	7 基础应用

4. 项目介绍

(1) 金蝶K3

(2) 用友U8

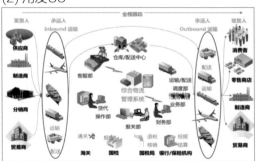

在信息网络时代，网络技术的发展和应用改变了信息的分配和接收方式，改变了人们生活、工作、学习、合作和交流的环境，企业也必须积极利用新技术变革企业经营理念、经营组织、经营方式和经营方法，搭上技术发展的快车，促进企业飞速发展。网络营销是适应网络技术发展与信息网络时代社会变革的新生事物，必将成为跨世纪的营销策略。

互联网企业每天对网络营销工程师需求约47956个需求岗位(数据来自51job)：

已选条件：	网络推广SEO(职位名)
共计职位：	共47956条职位

1. 职业规划发展路线

网络推广专员	网络推广主管	网络推广经理	网络推广总监
网络运营专员	网络运营主管	网络运营经理	网络运营总监

2. 素质能力提升路径

1 大学生	2 大学生活	3 学习习惯	4 职业目标	5 沟通表达	6 自我管理
12 准职业人	11 职业路线	10 求职技能	9 就业意识	8 融入团队	7 形象礼仪

3. 专业技能提升路径

1 大学生	2 计算机基础	3 编程基础	4 网站建设	5 数据库	6 网站技术
12 准职业人	11 产品规划	10 项目实战	9 电商运营	8 网络推广	7 网站SEO

4. 项目介绍

(1) 品牌手表营销网站

(2) 影院销售网站

HITE 6.0 软件开发与应用工程师

工信部国家级计算机人才评定体系

使用 SQL Server 管理数据

武汉厚溥教育科技有限公司　编著

清华大学出版社

北　京

内 容 简 介

本书按照高等院校、高职高专计算机课程的基本要求，以案例驱动的形式来组织内容，突出计算机课程的实践性特点。本书共包括 6 个单元：认识数据库及数据库系统、管理数据库、查询分析器的使用、应用 T-SQL 管理数据、应用 T-SQL 查询数据、分组查询和连接查询。

本书内容安排合理，层次清晰，通俗易懂，实例丰富，突出理论与实践的结合，既可作为各类高等院校、高职高专及培训机构的教材，也可供广大数据库开发人员参考。

图书在版编目(CIP)数据

使用 SQL Server 管理数据 / 武汉厚溥教育科技有限公司 编著. —北京：清华大学出版社，2019
(2025.1 重印)

(HITE 6.0 软件开发与应用工程师)

ISBN 978-7-302-52660-5

I. ①使⋯ II. ①武⋯ III. ①关系数据库系统 IV. ①TP311.132.3

中国版本图书馆 CIP 数据核字(2019)第 053309 号

责任编辑：刘金喜
封面设计：贾银龙
版式设计：孔祥峰
责任校对：牛艳敏
责任印制：宋 林

出版发行：清华大学出版社

  网   址：https://www.tup.com.cn, https://www.wqxuetang.com

  地   址：北京清华大学学研大厦 A 座   邮 编：100084

  社 总 机：010-83470000   邮 购：010-62786544

  投稿与读者服务：010-62776969，c-service@tup.tsinghua.edu.cn

  质 量 反 馈：010-62772015，zhiliang@tup.tsinghua.edu.cn

印 装 者：天津安泰印刷有限公司

经 销：全国新华书店

开 本：185mm×260mm 印 张：12.25 插 页：2 字 数：290 千字

版 次：2019 年 4 月第 1 版 印 次：2025 年 1 月第 7 次印刷

定 价：59.00 元

产品编号：082679-01

编委会

前 言

    SQL 是英文 Structured Query Language 的缩写，意思为结构化查询语言。SQL 语言的主要功能就是同各种数据库建立联系，进行沟通。按照 ANSI(美国国家标准学会)的规定，SQL 被作为关系型数据库管理系统的标准语言。SQL Server 是由 Microsoft 开发和推广的关系数据库管理系统(DBMS)。它最初是由 Microsoft、Sybase 和 Ashton-Tate 三家公司共同开发的，并于 1988 年推出了第一个 OS/2 版本。Microsoft SQL Server 近年来不断更新版本，1996 年，Microsoft 推出了 SQL Server 6.5 版本；1998 年，SQL Server 7.0 版本和用户见面；SQL Server 2000 是 Microsoft 公司于 2000 年推出的，目前最新版本是 2017 年推出的 SQL Server 2017。

    本书是"工信部国家级计算机人才评定体系"中的一本专业教材。"工信部国家级计算机人才评定体系"是由武汉厚溥教育科技有限公司开发，以培养符合企业需求的软件工程师为目标的 IT 职业教育体系。在开发该体系之前，我们对 IT 行业的岗位序列做了充分的调研，包括研究从业人员技术方向、项目经验和职业素养等方面的需求，通过对所面向学生的特点、行业需求的现状以及项目实施等方面的详细分析，结合我公司对软件人才培养模式的认知，按照软件专业总体定位要求，进行软件专业产品课程体系设计。该体系集应用软件知识和多领域的实践项目于一体，着重培养学生的熟练度、规范性、集成和项目能力，从而达到预定的培养目标。

    本书共包括 6 个单元：认识数据库及数据库系统、管理数据库、查询分析器的使用、应用 T-SQL 管理数据、应用 T-SQL 查询数据、分组查询和连接查询。

    我们对本书的编写体系做了精心的设计，按照"理论学习—知识总结—上机操作—课后习题"这一思路进行编排。"理论学习"部分描述通过案例要达到的学习目标与涉及的相关知识点，使学习目标更加明确；"知识总结"部分概括案例所涉及的知识点，使知识点完整、系统地呈现；"上机操作"部分对案例进行了详尽分析，通过完整的步骤帮助读者快速掌握该案例的操作方法；"课后习题"部分帮助读者理解章节的知识点。本书在内容编写方面，力求细致全面；在文字叙述方面，注意言简意赅、重点突出；在案例选取方面，强调案例的针对性和实用性。

    本书凝聚了编者多年来的教学经验和成果，既可作为各类高等院校、高职高专及培训机构的教材，也可供广大数据库开发人员参考。

　　本书由武汉厚溥教育科技有限公司编著，由翁高飞、张澧生、王慧、彭健、杜微、王金容等多名企业实战项目经理编写。本书编者长期从事项目开发和教学实施，并且对当前高校的教学情况非常熟悉，在编写过程中充分考虑到不同学生的特点和需求，加强了项目实战方面的教学。本书编写过程中，得到了武汉厚溥教育科技有限公司各级领导的大力支持，在此对他们表示衷心的感谢。

　　参与本书编写的人员还有：咸阳职业技术学院李阿红、张卫婷、屈毅、赵小华、李焕、师哲、魏迎，武汉厚溥教育科技有限公司蔡育龙等。

　　限于编写时间和编者的水平，书中难免存在不足之处，希望广大读者批评指正。

　　服务邮箱：wkservice@vip.163.com。

编　者

2018 年 10 月

目录

单元 一
认识数据库及数据库系统

 课程目标

▶ 掌握数据库系统基础知识。

▶ 掌握数据库的基本概念。

▶ 了解数据库技术的发展史。

▶ 了解 SQL Server 2012 及其管理工具。

 **简 介**

　　数据库(Database)是按照数据结构来组织、存储和管理数据的仓库，它产生于六十多年前，随着信息技术和市场的发展，特别是 20 世纪 90 年代以后，数据管理不再仅仅是存储和管理数据，而是转变成用户所需要的各种数据管理的方式。数据库有很多种类型，从最简单的存储有各种数据的表格到能够进行海量数据存储的大型数据库系统都在各个方面得到了广泛的应用。

　　在信息化社会，充分有效地管理和利用各类信息资源，是进行科学研究和决策管理的前提条件。数据库技术是管理信息系统、办公自动化系统、决策支持系统等各类信息系统的核心部分，是进行科学研究和决策管理的重要技术手段。

　　数据库好比人的大脑的记忆系统，没有了数据库就没有了记忆系统，计算机也就不会如此迅速地发展。数据库的应用已经深入到生活和工作的方方面面。数据库的发展体现了一个国家信息发展的水平，并且计算机软件的开发很多都是基于数据库的。

　　我们的课程将指导用户使用一个计算机软件系统，以一种容易理解的、便于操作的方式来存储和获取数据，课程内容包括如下几项。

- 数据库的基本概念。
- 使用 SQL Server 2012 管理工具管理数据库。
- 创建数据库、表、约束。
- 使用 T-SQL 对数据进行增加、删除、修改和查询操作。

　　这些内容会为我们在 Java 和.NET 程序中进行数据库开发提供基础。有关数据库设计、复杂查询以及数据库高级对象的使用等内容将在后续的课程中涉及。

　　本单元的内容主要包括与数据库相关的背景知识以及一些基本概念和术语，还包括 SQL Server 2012 及其管理工具的基本操作和配置等。

1.1　数据、数据存储和数据管理

　　数据就是数值，也就是我们通过观察、实验或计算得出的结果。数据有很多种，最简单的就是数字。数据也可以是文字、图像、声音等。数据可以用于科学研究、设计、查证等。我们周围的世界充斥着数据。我们的所有感官都在不停地获取数据——眼睛捕捉不同亮度和颜色的光线；耳朵捕捉声音；鼻子捕捉气味……这些数据流向我们的大脑，并在那里进行分析和筛选，突出需要立即予以关注的部分，或者悄悄丢弃不重要的部分。

我们之所以会记住一些人、一些事或者一首歌，是因为大脑可以存储这些数据，并在需要的时候"记起"它们。然而，在处理大量的数据时，人的大脑并不好用。比如，我们无法记住所有联系人的电话号码，而需要一个好的方式来存储它们，在需要的时候获取它们。比如，通过手机上的联系人功能来完成这个任务。这个功能可以将我们需要存储的联系人数据存储到手机或手机卡中，并在需要查询该数据时将该数据准确地找到。

在生活中，有很多的数据需要存储和查阅，比如想知道本月花费了多少电话费，电话费的详细划分——市话、长途、上网费分别是多少，其他定制的服务费用是多少，但我们自己是不会记住这些数据的，我们会去营业厅进行查询，那么如果营业厅对这些数据凌乱地存放，没有任何统计的依据，这些数据就很难得到了。所以，为了让这些数据在用户需要的时候可以快速获得，就必须有良好的组织和管理数据的方法。

另外，在任何组织中，很多数据都是需要共享的，比如制度、客户信息、财务或者进行商业运营所需的其他重要数据。这时需要将数据保存到大家都能够方便访问的位置，并且需要用一种大家都能够理解的格式来存储，还可能需要有专人来管理这些数据，通过对数据的维护和更新，保证大家都能获取到同样的、正确的、最新的数据。如果这些数据越来越多，则需要提供办法为能够在大量数据中快速、准确地搜索到所需要的信息而提供帮助。

随着数据处理要求的不断提高，单靠人工或利用一些简单工具来管理数据已经不能满足要求，而计算机科学技术的不断发展，让人们意识到可以使用计算机来帮助人们有效地管理这些数据，这种技术就是数据库技术。数据库技术是计算机软件的一个重要分支，也是软件开发人员必须掌握的技术之一，因为目前几乎所有的商业应用都需要对数据进行存储、分类和检索。

"库"这个名词在日常生活中我们经常会接触到。我们知道各种各样的库：仓库、书库、金库、血库等。稍微注意一下，就会发现，这些库都具有一些相同的特点——将物品有条理地存放，并由专人来进行管理。数据库(Database)，顾名思义就是存储数据的地方，但它和我们前面讲的如仓库、书库等有所不同，数据不是存放在空间中，而是存放在计算机的存储设备上，并且是有组织地存放的。对这些数据的管理是通过数据库管理系统(Database Management System，DBMS)来完成的。一般情况下，我们所讲的数据库系统，不单指存放在存储设备上的数据集合，也包括管理它们的计算机软件。

注意

> 数据库、数据库系统、数据库管理系统，甚至数据库表等名词，在日常讨论中不做严格区分。可以根据具体情况，判断出实际所指的是什么。

使用数据库所带来的好处主要体现在以下几个方面。

- 数据按照固定的结构化形式统一存放在一起，可以进行有效的检索和访问，并可以对数据进行集中控制。
- 可以减少数据的冗余度，只包含较少的重复数据，能够有效地保持数据信息的一致性、完整性。
- 实现数据共享和并发控制，数据可以被多个用户使用，可以同时存取数据库中的数据，可以通过不同的程序设计语言访问数据库，并在它们同时访问数据的时候，互相之间不受影响。
- 有助于维护数据独立性，数据的存储形式和逻辑结构的变化尽可能不导致对应用程序的修改。
- 加强对数据的保护，保证数据的正确性、有效性和一致性，对数据进行保密性控制以防止数据被非法使用，并提供适当的数据恢复能力。

数据库系统可以存储和管理数据，那么对用户来说，具体应该如何访问这些数据呢？回顾一下曾经学过的程序设计语言，用这些语言来指示计算机完成计算任务。而在这里，也需要一种定义良好的查询语言来与数据库系统交互，以数据库系统能理解、分析和执行的形式对数据做出处理，这种语言就是"结构化查询语言(Structured Query Language，SQL)"。SQL 具有国际标准，大多数现代数据库系统都支持"Entry Level ANSI/SQL-92 标准"，并对此标准进行了扩充。

1.2 数据库技术的发展

从 20 世纪 60 年代末期开始到如今，数据库技术已经发展了 50 多年。在这 50 多年的历程中，人们在数据库技术的理论研究和系统开发上都取得了辉煌的成就，而且已经开始对新一代数据库系统的深入研究。数据库系统已经成为现代计算机系统的重要组成部分。

数据库最初是在大公司或大机构中用作大规模事务处理的基础。后来随着个人计算机的普及，数据库技术被移植到 PC 机(Personal Computer，个人计算机)上，供单用户个人数据库应用。接着，由于 PC 机在工作组内连成网，数据库技术就移植到工作组级。如今，数据库正在 Internet 和内联网中广泛使用。

20 世纪 60 年代中期，数据库技术是用来解决文件处理系统问题的。当时的数据库处理技术还很脆弱，常常发生应用不能提交的情况。20 世纪 70 年代，关系模型的诞生为数据库专家提供了构造和处理数据库的标准方法，推动了关系数据库的发展和应用。1979 年，Ashton-Tate 公司引入了微机产品 dBASE II，并称之为关系数据库管理系统，从此数据库技术移植到了个人计算机上。20 世纪 80 年代中期到后期，终端用户开始使用局域网技术将独立的计算机连接成网络，终端之间共享数据库，形成了一种新型的多用户数据处理，称为客户机/服务器数据库结构。如今，数据库技术正在被用来同 Internet 技术相结合，以便在机构内联网、部门局域网甚至 WWW 上发布数据库数据。

数据库技术涉及许多基本概念，主要包括信息、数据、数据处理、数据库、数据库管理系统以及数据库系统等。

数据库技术是现代信息科学与技术的重要组成部分，是计算机数据处理与信息管理系统的核心。数据库技术研究和解决了计算机信息处理过程中大量数据有效地组织和存储的问题，在数据库系统中减少数据存储冗余、实现数据共享、保障数据安全以及高效地检索数据和处理数据。数据库技术的根本目标是要解决数据的共享问题。

1.2.1　数据管理技术

数据管理技术是对数据进行分类、组织、编码、输入、存储、检索、维护和输出的技术。数据管理技术的发展大致经过了以下三个阶段：人工管理阶段、文件系统阶段、数据库系统阶段。

1. 第一阶段：人工管理阶段

20 世纪 50 年代以前，计算机主要用于数值计算。从当时的硬件看，外存只有纸带、卡片、磁带，没有直接存取设备；从软件看(实际上，当时还未形成软件的整体概念)，没有操作系统以及管理数据的软件；从数据看，数据量小，数据无结构，由用户直接管理，且数据间缺乏逻辑组织，数据依赖于特定的应用程序，缺乏独立性。

2. 第二阶段：文件系统阶段

20 世纪 50 年代后期到 60 年代中期，出现了磁鼓、磁盘等数据存储设备。新的数据处理系统迅速发展起来。这种数据处理系统是把计算机中的数据组织成相互独立的数据文件，系统可以按照文件的名称对其进行访问，对文件中的记录进行存取，并可以实现对文件的修改、插入和删除,这就是文件系统。文件系统实现了记录内的结构化,即给出了记录内各种数据间的关系。但是,文件从整体来看却是无结构的。其数据面向特定的应用程序,因此数据共享性、独立性差,且冗余度大,管理和维护的代价也很大。

3. 第三阶段:数据库系统阶段

20 世纪 60 年代后期,出现了数据库这样的数据管理技术。数据库的特点是数据不再只针对某一特定应用,而是面向全组织,具有整体的结构性,共享性高,冗余度小,具有一定的程序与数据间的独立性,并且实现了对数据进行统一的控制。

1.2.2　数据库技术发展阶段

数据库技术是计算机科学技术的一个重要分支。从 20 世纪 50 年代中期开始,计算机应用从科学研究部门扩展到企业管理及政府行政部门,人们对数据处理的要求也越来越高。1968 年,世界上诞生了第一个商品化的信息管理系统(Information Management System,IMS),从此数据库技术得到了迅猛发展。在互联网日益被人们接受的今天,Internet 又使数据库技术、知识、技能的重要性得到了充分的放大。如今,数据库已经成为信息管理、办公自动化、计算机辅助设计等应用的主要软件工具之一,帮助人们处理各种各样的信息数据。

数据库技术从开始到如今短短的 50 年中,主要经历了三个发展阶段:第一代是网状和层次数据库系统,第二代是关系数据库系统,第三代是以面向对象数据模型为主要特征的数据库系统。数据库技术与网络通信技术、人工智能技术、面向对象程序设计技术、并行计算技术等相互渗透、有机结合,成为当代数据库技术发展的重要特征。

1. 第一代数据库系统

第一代数据库系统是 20 世纪 70 年代研制的层次和网状数据库系统。层次数据库系统的典型代表是 1969 年 IBM 公司研制出的层次模型的数据库管理系统IMS。20 世纪 60 年代末 70 年代初,美国数据库系统语言协会(Conference on Data System Language,CODASYL)下属的数据库任务组(Data Base Task Group,DBTG)提出了若干报告,被称为 DBTG 报告。DBTG 报告确定并建立了网状数据库系统的许多概念、方法和技术,是网状数据库的典型代表。在 DBTG 思想和方法的指引下数据库系统的实现技术不断成熟,开发了许多商品化的数据库系统,它们都是基于层次模型和网状模型的。

可以说,层次数据库是数据库系统的先驱,而网状数据库则是数据库概念、方法、技术的奠基者。

2. 第二代数据库系统

第二代数据库系统是关系数据库系统。1970 年，IBM 公司的 San Jose 研究实验室的研究员 Edgar F. Codd 发表了题为《大型共享数据库数据的关系模型》的论文，提出了关系数据模型，开创了关系数据库方法和关系数据库理论，为关系数据库技术奠定了理论基础。Edgar F. Codd 于 1981 年被授予 ACM图灵奖，以表彰他在关系数据库研究方面的杰出贡献。

20 世纪 70 年代是关系数据库理论研究和原型开发的时代，其中以 IBM 公司的 San Jose 研究实验室开发的 System R 和 Berkeley 大学研制的 Ingres 为典型代表。大量的理论成果和实践经验终于使关系数据库从实验室走向了社会，因此，人们把 20 世纪 70 年代称为数据库时代。20 世纪 80 年代几乎所有新开发的系统均是关系型的，其中涌现出了许多性能优良的商品化关系数据库管理系统，如 DB2、Ingres、Oracle、Informix、Sybase等。这些商用数据系统的应用使数据库技术日益广泛地应用到企业管理、情报检索、辅助决策等方面，成为实现和优化信息系统的基本技术。

3. 第三代数据库系统

从 20 世纪 80 年代以来，数据库技术在商业上的巨大成功刺激了其他领域对数据库技术需求的迅速增长。这些新的领域为数据库应用开辟了新的天地，并在应用中提出了一些新的数据管理的需求，推动了数据库技术的研究与发展。

不过到目前为止，在世界范围内得到主流应用的还是经典的关系数据库系统，比较知名的如 Oracle、SQL Server、DB2、Sybase、Informix 等。在本课程中，我们将以实际应用情况为例，重点介绍 Microsoft SQL Server 2012 关系数据库系统。

1.3 常见数据库系统概述

目前，数据库的主流产品有 Oracle、Microsoft SQL Server、IBM DB2、Sybase、Informix、MySQL 等。

SQL Server 作为微软在 Windows 系列平台上开发的关系数据库产品，一经推出就以其易用性得到了很多用户的青睐，相信大多数对 Windows 操作系统较熟悉的用户都会对它有相当的亲切感。在 SQL Server 中使用的 SQL 语言并非标准 SQL，而是标准 SQL 的一个修改版本，称为 Transact-SQL 或者 T-SQL。T-SQL 不仅是一种查询语言，还是一种用于和关系数据库系统进行交互的编程语言。它也许不如处理程序化任务的其他编程语言那么高级，但在数据库处理方面，它的功能是相当全面的。T-SQL 采用的是一种复杂的、功能全面的语法，能有效地实现数据访问。

Oracle 数据库是 Oracle 公司的产品，一般认为 Oracle 是对象—关系型数据库，而不是纯关系型数据库。Oracle 可以在多种操作系统上运行，在性能方面很有优势，但掌握起来较为困难，需要较高的技术基础。Oracle 中使用的 SQL 语言是 PL/SQL，它也对标准 SQL 做了扩展。

MySQL 是开源的数据库产品，可以在多种平台上运行，在小型数据应用领域有很大的用户群。MySQL 结构简单，部署方便，并且在小型数据应用方面性能也有很大优势。目前，MySQL 还没有大型数据应用的成功案例。

 注意

近年来，国产数据库也有了长足的进步。尽管国产数据库在各个方面与国外同类产品比较仍有较大的差距，但诸如东软 OpenBASE、华工达梦、人大金仓、神舟 OSCAR 等数据库产品仍在艰难之中不断前行。我们也希望国产数据库能尽早成熟起来，发挥出应有的作用。

1.4 SQL Server 概述

Microsoft SQL Server 2012 是微软于 2012 年发布的新一代数据平台产品，全面支持云技术与平台，并且能够快速构建相应的解决方案实现私有云与公有云之间数据的扩展与应用的迁移。微软此次版本发布的口号是用"大数据"来替代"云"的概念，微软对 SQL Server 2012 的定位是帮助企业处理每年大量的数据(Z 级别)增长。

SQL Server 2012 包含企业版(Enterprise)、标准版(Standard)，另外，新增了商业智能版(Business Intelligence)。微软表示，SQL Server 2012 发布时还将包括 Web 版、开发者版本以及精简版。

全新一代 SQL Server 2012 为用户带来更多全新体验，独特的产品优势定能使用户更加获益良多。企业版是全功能版本，而其他两个版本则分别面向工作组和中小企业。

SQL Server 2012 的组件包括数据库引擎、Reporting Services、Analysis Services、Notification Services、Integration Services、全文搜索、复制和 Service Broker。图 1-1 所示说明了 SQL Server 2012 组件之间的关系和互操作性。

图 1-1　SQL Server 2012 组件之间的关系和互操作性

- 数据库引擎：是用于存储、处理和保护数据的核心服务。这是本课程将详细讲解的部分。
- Reporting Services：是一种报表平台，可用于创建和管理各种形式的报表。
- Analysis Services：为商业智能应用程序提供了联机分析处理(OLAP)和数据挖掘功能。
- Notification Services：可以生成并向大量订阅方及时发送个性化的消息，还可以向各种各样的设备传递消息。
- Integration Services：是一种企业数据转换和数据集成解决方案。
- 全文搜索：可依据单词和短语对 SQL Server 表中基于纯字符的数据进行全文查询。
- 复制：是在数据库之间对数据和数据库对象进行复制和分发，以在数据库之间进行同步并保持一致性的技术。
- Service Broker：对分布式队列提供了本机支持，提供了生成分布式应用程序所必需的基础结构。

1.4.1　新功能

SQL Server 2012 对微软来说是一个重要产品。微软把自己定位为可用性和大数据领域的"领头羊"。

1. AlwaysOn

这个功能将数据库的镜像提到了一个新的高度。用户可以针对一组数据库做灾难恢复而不是一个单独的数据库。

2. Windows Server Core 支持

Windows Server Core 是命令行界面的 Windows，使用 DOS 和 PowerShell 来做用户交互。它的资源占用更少，更安全，支持 SQL Server 2012。

3. Columnstore 索引

这是 SQL Server 独有的功能。它们是为数据仓库查询设计的只读索引。数据被组织成扁平化的压缩形式存储，极大地减少了 I/O 和内存使用。

4. 自定义服务器权限

DBA 可以创建数据库的权限，但不能创建服务器的权限。例如，DBA 想要一个开发组拥有某台服务器上所有数据库的读写权限，它必须手动完成这个操作。但是 SQL Server 2012 支持针对服务器的权限设置。

5. 增强的审计功能

所有的 SQL Server 版本都支持审计。用户可以自定义审计规则，记录一些自定义的时间和日志。

6. BI 语义模型

这个功能是用来替代"Analysis Services Unified Dimentional Model"的。这是一种支持 SQL Server 所有 BI 体验的混合数据模型。

7. Sequence Objects

用 Oracle 的人一直想要这个功能。一个序列(sequence)就是根据触发器的自增值。SQL Server 有一个类似的功能——Identity Columns，但是用对象实现了。

8. 增强的 PowerShell 支持

所有的 Windows 和 SQL Server 管理员都应该认真地学习 PowerShell 的技能。微软正在大力开发服务器端产品对 PowerShell 的支持。

9. 分布式回放(Distributed Replay)

这个功能类似 Oracle 的 Real Application Testing 功能。不同的是，SQL Server 企业版自带了这个功能，而用 Oracle 的话，需额外购买这个功能。这个功能可以让你记录生产环境的工作状况，然后在另外一个环境重现这些工作状况。

10. PowerView

这是一个强大的自主 BI 工具，可以让用户创建 BI 报告。

11. SQL Azure 增强

这和 SQL Server 2012 没有直接关系，但是微软确实对 SQL Azure 做了一个关键改进，例如提供 Reporting Services 平台，将数据备份到 Windows Azure。Azure 数据库的上限提高到了 150GB。

12. 大数据支持

这是最重要的一点，虽然放在了最后。在 PASS(Professional Association for SQL Server) 会议中，微软宣布与 Hadoop 的提供商 Cloudera 合作，提供 Linux 版本的 SQL Server ODBC 驱动，开发 Hadoop 连接器，这使 SQL Server 也跨入了 NoSQL 领域。

1.4.2 安装和设置

SQL Server 2012 通过向导方式指导用户进行安装，安装过程是比较简单的。整个安装过程大体分为如下三个部分。

- 安装 SQL Server 2012 系统所需的必备组件。
- 检查系统软硬件环境。
- 安装和配置 SQL Server 2012 组件。

执行安装程序后，安装程序首先会提示安装一些必备软件组件才能继续安装。按照安装向导提示进行安装即可。

接着，安装程序将检查系统的软硬件环境，并报告任何可能出现的警告或错误。错误会阻止安装程序继续执行，而警告不会。如果出现了错误，按照错误提示解决问题，然后重新执行安装程序即可继续安装过程。

通过系统配置检查后，就可以开始安装 SQL Server 2012。安装程序会指导用户对整个安装过程进行配置。整个配置过程如下。

(1) 选择需要安装的服务组件。一般情况下，Database Services 以及工作站组件、联机丛书和开发工具是需要安装的，其他组件可以根据需要选择安装。

(2) 设置需要安装的实例名称。第一次安装数据库实例时可以选择"默认实例"选项，以后再安装新实例时则需要为新实例指定名称，如图 1-2 所示。

如果安装了默认实例，就可以使用"local"名称来访问数据库。

特别要注意的是，如果已经安装过 SQL Server 2012 的默认实例，而这里又选择安装"默认实例"，将不会安装 SQL Server 2012 版本的数据库实例，而是直接使用 SQL Server 2012 版的默认实例。

图 1-2　SQL Server 2012 实例名称的设置

 注意

　　区分数据库实例是哪个版本，可以通过在 SQL Server 2012 管理工具中查看所连接的数据库实例的版本来区分。SQL Server 2008 的数据库版本号为 $10.0.\times\times\times\times$，SQL Server 2012 为 $11.0.\times\times\times\times$。

(3) 设置服务组件启动所使用的账户。如果在计算机域中，最好为服务创建一个域账户。如果不在域中，则可以使用内置系统账户。

设置系统要使用的身份验证模式。SQL Server 2012 推荐使用 Windows 身份验证模式，它使用 Kerberos 安全协议，通过强密码的复杂性验证提供密码强制策略，提供账户锁定支持，并且支持密码过期，比混合模式安全得多。

混合模式包括 Windows 和 SQL Server 两种身份验证模式，提供 SQL Server 身份验证只是为了向后兼容。如果选择了混合模式，则需要为 SQL Server 的默认管理员用户 sa 设定登录密码，并且这个密码不能为下列字词之一——空、Password、Admin、Administrator、sa、sysadmin。

 注意

密码是抵御入侵者的第一道防线，因此设置强密码对于系统安全是绝对必要的。强密码长度必须至少是 6 个字符，并且至少要满足下列四个条件中的三个：必须包含大写字母、必须包含小写字母、必须包含数字和必须包含非字母数字字符，如#、%、_或^。

如果可能，应尽量使用 Windows 身份验证模式。

(4) 设置服务的排序方式。一般保持默认配置不变即可。

(5) 如果选择安装报表服务，则需要为报表服务的安装进行设置。可以使用默认配置来安装。注意：Reporting Services 需要 Internet 信息服务(IIS)的支持。

经过上面的安装配置过程后，就可以开始安装了，SQL Server 2012 安装程序会为用户的配置情况生成一个总结报告，然后显示一个安装进度对话框，让用户了解安装的执行过程，并在安装完毕后提供最终的安装日志。

安装过程结束之后，还需要通过外围应用配置器进行配置，以使SQL Server 2012 成为符合自己需求的、最安全和可靠的环境。我们将在后面的篇幅中详细介绍如何使用这个配置工具。

1.5　SQL Server 管理工具

Microsoft SQL Server 2012 自带了许多工具，包括联机丛书、Configuration Manager、外围应用配置器、Management Studio、Profiler、数据库引擎优化顾问以及 SQL CMD 等。它们可以帮助用户分析服务器行为、启用特定功能，以及统计和增强性能。我们会介绍一些主要的工具，帮助大家掌握正确的开发和配置方法。

1.5.1　使用 SQL Server 联机丛书

SQL Server 联机丛书是 SQL Server 的产品文档。它覆盖了产品所有功能的描述，是 SQL Server 最权威和最便于使用的文档资料。用户可联网安装联机丛书，步骤如下。

(1) 如图 1-3 所示，单击"管理帮助设置"启动帮助库管理器。依次选择"开始"|"所有程序"|"Microsoft SQL Server 2012"|"文档和社区"|"管理帮助设置"，或是启动

SQL Server Management Studio，单击"帮助"菜单，然后选择"管理帮助设置"。

图 1-3　SQL Server 2012 联机文档安装 1

(2) 如图 1-4 所示，在帮助库管理器中，单击"联机安装内容"。

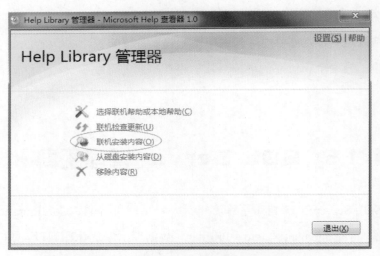

图 1-4　SQL Server 2012 联机文档安装 2

(3) 如图 1-5 所示，在可下载的内容列表中，向下滚动到 SQL Server 2012。

(4) 单击要下载的内容旁边的"添加"超链接。

(5) 选择所需内容后，单击"更新"按钮。这将启动下载操作并安装内容。

(6) 帮助库管理器完成下载和安装过程后，单击"完成"按钮，然后单击"退出"按钮以关闭帮助库管理器。

图 1-5　SQL Server 2012 联机文档安装 3

(7) 若要查看下载的内容，请关闭文档查看器，然后使用以下方法之一重新启动 SQL Server 的产品文档。

- 运行"SQL Server 文档"：从 Windows 7 的"开始"菜单，依次指向"所有程序"|"Microsoft SQL Server 2012"|"文档和社区"，然后单击"SQL Server 文档"。
- 从 SQL Server Management Studio 中：在"帮助"菜单上，单击"查看帮助"。
- 从 SQL Server 数据工具(SQL Server Data Tools，SSDT)中：在"帮助"菜单上，单击"查看帮助"。
- 按 F1 键或单击用户界面中的"帮助"按钮：有关上下文相关的信息，请在键盘上按 F1 键或单击用户界面中的"帮助"按钮。

在联机丛书中，可以通过目录、索引或搜索的方式来定位我们想要浏览的信息，也可以在使用 SQL Server 的过程中使用"帮助"菜单或按钮来找到与当前操作相关的资料，还可以通过收藏功能保存感兴趣的主题，以便下次快速访问。

1.5.2　使用 SQL Server 外围应用配置器

"SQL Server 外围应用配置器"帮助用户允许和禁止、启动和停止本地及远程 SQL Server 2012 安装的功能及服务。所谓"外围应用"，是指运行一个程序所需的内存以及其他系统资源。停止或禁止未使用的服务，有助于减少资源消耗，并使系统更加安全。

启动外围应用配置器，可以选择"开始"|"所有程序"|"Microsoft SQL Server 2012"|"SQL Server Management Studio"选项，然后右击服务器根节点，在"方面"下拉列表中选择"外围应用配置器"，初始窗口如图 1-6 所示。

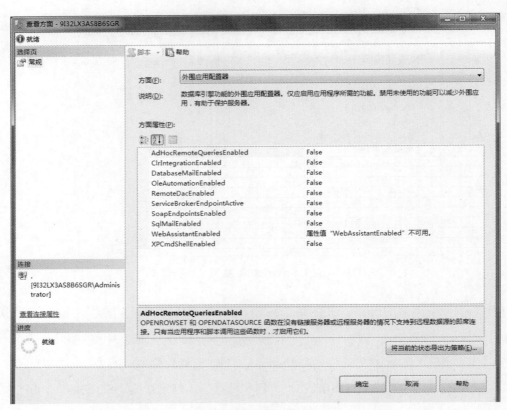

图 1-6 "SQL Server 外围应用配置器"窗口

"服务和连接的外围应用配置器"允许用户配置 SQL Server 服务的状态。可以停止、暂停、恢复和启动 SQL Server 实例的各种服务。当启动类型为"自动"的时候，服务会在操作系统启动时自动启动。一般我们会将所有服务的启动类型设置为"手动"，然后在需要使用某个服务的时候再手动启动它。在我们的学习过程中，最常使用的服务是"服务器配置"服务，如图 1-7 所示。

 注意

管理这些服务也可以通过操作系统的"控制面板"|"管理工具"|"服务"功能来实现。

除此之外，还可以配置服务是否允许远程连接以及所用的协议，如图 1-8 所示。

默认情况下，服务的远程连接行为都被设置为"仅限本地连接"，这对于我们学习数据库操作来说已经足够了。在实际工作中，当要配置一个企业的数据库服务器时，往往需要同时支持本地连接和远程连接，远程连接最常用的是 TCP/IP 协议。

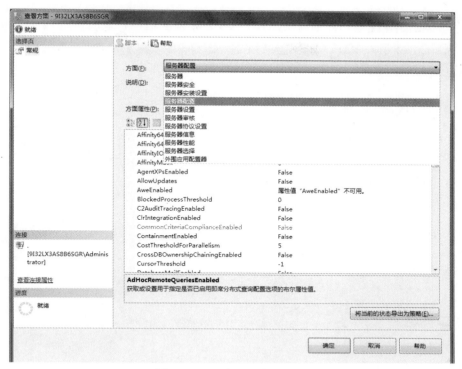

图 1-7　"服务器配置"服务

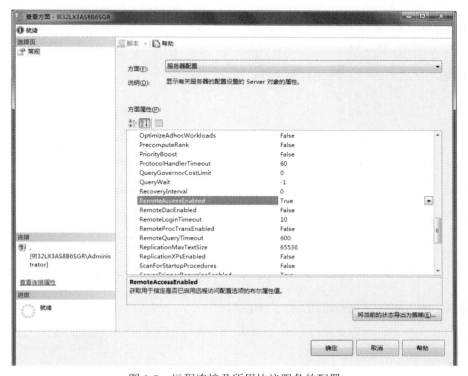

图 1-8　远程连接及所用协议服务的配置

"外围应用配置器"允许我们在数据库实例的服务上启用特定的功能，如图 1-9 所示。

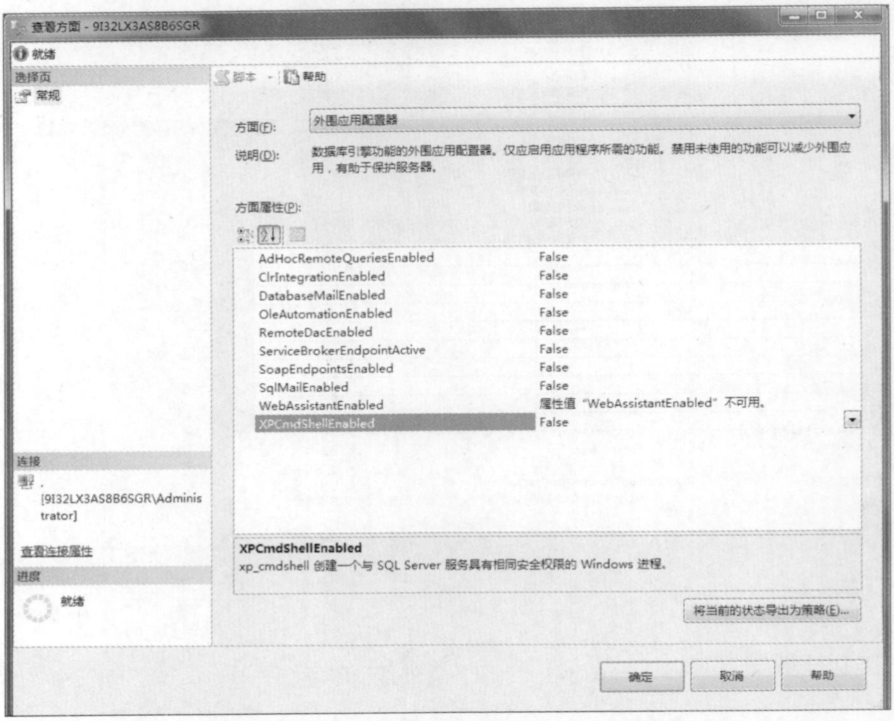

图 1-9　启用"外围应用配置器"特定的功能

在设置界面上，对需要配置的选项功能都有详细的介绍。一般我们只启用确实需要使用到的功能，以达到最优的性能和安全性。

注意

在学习过程中，为了方便使用，我们一般会开启"xp_cmdshell"这项功能。

"外围应用配置器"会在幕后执行"sys.sp_configure"这个系统存储过程来配置大多数功能。有兴趣的同学可以在运行外围应用配置器的同时运行一个 SQL Server Profiler 来进行跟踪，以验证这一点。

1.5.3　使用 SQL Server Management Studio

SQL Server Management Studio 是一个图形化工具，它合并并扩展了企业管理器、查询分析器和 Analysis Manager 的功能。这个工具建立在新的 Visual Studio 2008 集成开发环境 (IDE)的基础之上，可以对数据库服务和数据进行全面的管理和操作，是我们在本课程中使用的主要工具，如图 1-10 所示。

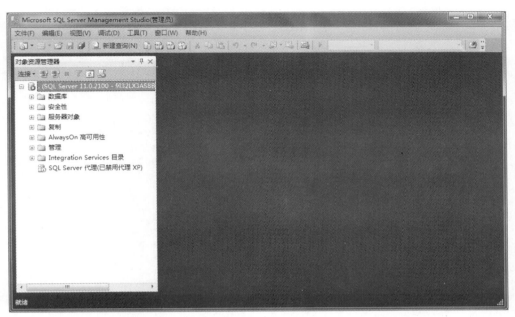

图 1-10 "SQL Server Management Studio"界面

1. 连接和注册服务器

要对数据进行管理和操作，必须先连接到相应的数据库服务器。在 Management Studio 启动时会要求连接到某个服务器，我们也可以在任何时候通过 Management Studio 主界面上的"文件" | "连接对象资源管理器"菜单来连接新的服务器，如图 1-11 所示。

图 1-11 连接服务器

如果经常要同时操作多个服务器，那么最好在 Management Studio 中注册它们。从"视图" | "已注册的服务器"菜单中打开已注册的服务器视图。在"数据库引擎"节点的上下

文菜单中，通过"服务器注册"功能来注册一个新的数据库服务器，如图 1-12 所示。

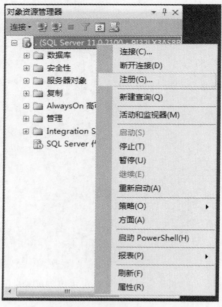

图 1-12　注册服务器

另外，还可以通过新建"服务器组"的功能对注册服务器进行分组，以方便管理。

2. 使用对象资源管理器

可以使用对象资源管理器以一个树型视图来组织所有对象，可以通过它来管理任何 SQL Server 对象，如图 1-13 所示。

● 可以在"数据库"节点下找到所有数据库。这些数据库被划分为三组：系统数据库、数据库快照以及用户数据库。系统数据库和数据库快照被分类存放在相应目录下；用户数据库显示为"数据库"节点下的一系列库节点，如图 1-13 中的"Students"。展开任何一个库节点，可以访问到具体的数据库对象，如图 1-13 中的"master"系统库。展开"表"节点就会看到数据库中的所有表。其中有一个节点是"系统表"，其包含的表是由 SQL Server 2012 内部来管理的与数据库相关的信息。在"表"节点的上下文菜单中列出了可以对表采取的各种操作，如查询数据、修改表结构等。

● 在 Management Studio 中编写 T-SQL。在 Management Studio 中，除了通过图形界面(GUI)来进行管理和操作外，我们还能够通过 T-SQL 语言编程来自动化地完成更高级、更复杂的功能。为了简化这个操作，Management Studio 提供了一个"查询编辑器"。

图 1-13 "对象资源管理器"界面

可以通过工具栏中的"新建查询"按钮来打开查询编辑器，也可以通过对象资源管理器中库节点的上下文菜单来启动它，如图 1-14 所示。

图 1-14 "查询编辑器"工具栏

关于如何使用查询编辑器以及 T-SQL 来对数据库进行操作的知识，我们将在后续章节给大家详细介绍。

3. 解决方案和项目

我们有时候可能需要为一个或多个数据库创建一组查询、修改和其他动作，Management Studio 允许创建项目来管理可能需要的所有脚本、连接和其他文件。

利用"文件"|"新建"|"项目"菜单可以打开这个功能。按照需要创建"SQL Server 脚本"项目后，就可在界面上的"解决方案资源管理器"中添加或新建所需的文件。

关闭 Management Studio 时，会询问是否保存项目文件(.ssmssqlproj)、解决方案文件(.ssmssln)以及做出修改的其他项目文件。

 注意

SQL Server Management Studio 是一个非常复杂的应用程序，仅用一个单元来介绍它是完全不够的。本课程其余部分会讲到关于这个应用程序的更多知识。

【单元小结】

- 了解数据、数据存储和数据管理。
- 了解 SQL Server 2012。
- 学会使用 SQL Server 2012 管理工具。

【单元自测】

1. 下列描述中，不属于数据库带来的好处的是(　　)。

   A. 有利于对数据进行集中控制，可以对数据进行有效检索和访问

   B. 较少的冗余，保持数据的一致性、完整性

   C. 有助于数据共享并可加强对数据的保护

   D. 有助于人们理解人与计算机的联系

2. 关系数据库中，(　　)是保存和管理数据的基本单元。

   A. 记录　　　　　　　　　　　　B. 行

   C. 表　　　　　　　　　　　　　D. 列

3. SQL Server 数据库中，进行查询所使用的语言为(　　)。

   A. SQL　　　　　　　　　　　　B. T-SQL

   C. PL/SQL　　　　　　　　　　D. SQL CMD

单元 二
管理数据库

 课程目标

► 掌握使用 SQL Server Management Studio 管理数据库。

► 掌握使用 SQL Server Management Studio 管理表。

► 掌握如何为表增加约束。

► 了解如何导入和导出数据。

 简 介

上一单元已经讨论了数据库的基本概念，以及 SQL Server 2012 的各种管理工具，本单元我们将学习如何使用 SQL Server Management Studio 创建数据库、创建表以及为表添加关系和约束。

2.1　数据库管理

本节将介绍数据库的物理结构，以及如何使用 SQL Server Management Studio 创建新数据库、删除旧数据库和分离附加数据库。

2.1.1　文件和文件组

安装好 SQL Server 2012 数据库服务器后，需要将一些数据存放到数据库中，那么我们应该怎么做呢？

这时就要在 SQL Server 2012 数据库服务器上创建一个数据库用来存放数据。创建的新数据库以文件形式存放在计算机的硬盘中。

在 SQL Server 中，一个数据库至少包含两种文件——数据库文件和事务日志文件。每个数据库至少应包含一个数据库文件和一个事务日志文件。

1. 数据库文件(Database File)

数据库文件是存放数据库数据和数据库对象的文件，一个数据库可以有一个或多个数据库文件，一个数据库文件只能属于一个数据库；当有多个数据库文件时，有一个文件被定义为主数据库文件(Primary Database File)，扩展名为.mdf，它用来存储数据库的启动信息和部分或全部数据；一个数据库只能有一个主数据库文件，其他数据库文件被称为次数据库文件(Secondary Database File)，扩展名为.ndf，用来存储主文件没有存储的其他数据。

采用多个数据库文件来存储数据的优点体现在如下两个方面。

- 数据库文件可以不断扩充而不受操作系统文件大小的限制。
- 可以将数据库文件存储在不同的硬盘中，这样可以同时对几个硬盘做数据存取，提高数据处理效率。

2. 事务日志文件(Transaction Log File)

事务日志文件是用来记录数据库更新情况的文件，扩展名为.ldf，对数据库进行的操作都会记录在此文件中。

3. 文件组(File Group)

文件组是将多个数据库文件集合起来形成的一个整体，每个文件组有一个组名。与数据库文件一样，文件组也分为主文件组(Primary File Group)和次文件组(Secondary File Group)。主数据库文件必须放在主文件组中，次数据库文件可以放在次文件组。

 注意

> 事务日志文件不属于任何文件组。

2.1.2　创建数据库

在 SQL Server Management Studio 中可以按照如下步骤来创建数据库。

(1) 显示对象资源管理器，展开对象资源管理器下的服务器，在"数据库"节点的右键快捷菜单中选择"新建数据库"选项，即会弹出如图 2-1 所示的对话框。

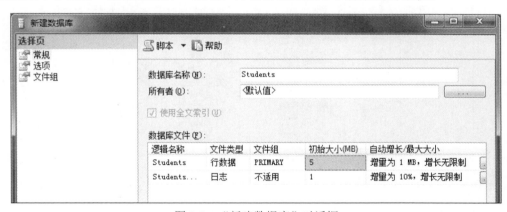

图 2-1　"新建数据库"对话框

(2) 按照需求设定各种属性的值，包括文件类型、文件组、初始大小、自动增长以及存储路径。在 SQL Server 2012 中，自动增长可以按照百分比和 MB 两种方式增长。

(3) 单击"确定"按钮，完成数据库的创建。

2.1.3　配置数据库属性

创建数据库后，在自己创建的数据库上右击，选中"属性"选项，然后单击"选项"，就会弹出如图 2-2 所示的对话框。

ANSI NULL 默认值	False
ANSI NULLS 已启用	False
ANSI 警告已启用	False
ANSI 填充已启用	False
Vardecimal 存储格式已启用	True
参数化	**简单**
串联的 Null 结果为 Null	False
递归触发器已启用	False
读提交快照处于打开状态	False
可信	False
跨数据库所有权链接已启用	False
日期相关性优化已启用	False
数值舍入中止	False
算术中止已启用	False
允许带引号的标识符	False
允许快照隔离	False
状态	
数据库为只读	False
数据库状态	NORMAL
限制访问	**MULTI_USER**
已启用加密	False
自动	
自动创建统计信息	True
自动更新统计信息	True
自动关闭	False
自动收缩	False

图 2-2　配置数据库属性

各主要选项的意义如下所示。

- ANSI NULL 默认值。允许在数据库表的列中输入 NULL 值。

- 数据库为只读。数据库只读，只能查看不能修改。

- 自动关闭。当数据库中无用户时，自动关闭此数据库并将释放所占用的资源；对经常被使用的数据库，不要使用此选项，否则会额外增加开关数据库的次数而带来负担。

- 自动收缩。定期对数据库进行检查，当数据库文件或日志文件的未使用空间超过其大小的 25%时，系统将会自动收缩文件，使其未使用空间等于 25%，当文件大小没有超过其初始大小时不会缩减；文件缩减后也必须大于或等于其初始大小。

2.1.4　删除数据库

当不再需要一个数据库时，我们可以将该数据库删除。如何删除一个数据库呢？在 SQL Server Management Studio 中可以很简单地完成：在需要删除的数据库上右击，然后选择“删除”选项，就会弹出如图 2-3 所示的对话框，单击“确定”按钮即可。

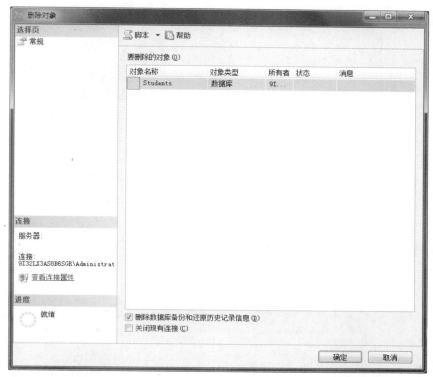

图 2-3　删除数据库

2.1.5　分离和附加数据库

数据库的管理除了新建和删除，还可能出现以下情况：某 IT 公司已经完成了"华中人力资源管理软件"，这个软件使用SQL Server 2012 作为存储数据的服务器，并创建了相应的数据库 HRDB。该公司的销售人员准备将这个软件销售给新加坡的某个公司，现在新加坡的公司提出要求——尽管这个软件的设计很好，但需要更加深入地了解软件的实用性及具体的操作，希望提供实际且真实的数据进行演示。这时，需要公司的技术人员将完整数据库带到新加坡，并能够很容易地在另外一台SQL　Server　2012 数据库服务器上部署和使用。在这种情况下，使用分离数据库和附加数据库能够很方便地完成。

分离数据库是指通过操作使数据库脱离服务器的管理。通过分离会得到多个文件，当我们在另外的计算机上使用该数据库时，可以通过附加数据库将分离后的文件附加进来。

现在要分离HRDB 数据库，应该怎么办呢？在需要分离的数据库 HRDB 上右击，然后选择"任务"|"分离"选项，如图 2-4 所示。在弹出的对话框中单击"确定"按钮即可。

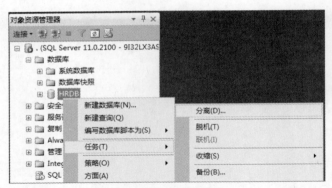

图 2-4　分离数据库

分离完毕后，如图 2-5 所示，在 SQL Server 安装目录的 DATA 文件夹下找到与该数据库相关的主数据库文件.mdf 和事务日志文件.ldf。这时，将这两个文件复制即可带走数据库。在分离成功之前，文件是不可复制的。

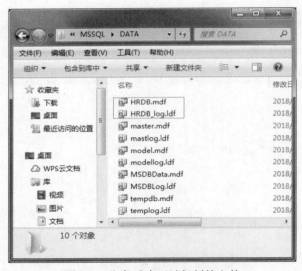

图 2-5　分离后才可以复制的文件

如图 2-6 所示，将文件复制到新的数据库服务器上后，在"数据库"节点的右键快捷菜单中选择"附加"选项。

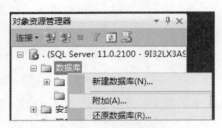

图 2-6　附加数据库 1

如图 2-7 所示，单击"添加"按钮选择相应的.mdf 文件，.ldf 文件会自动加入进来，再单击"确定"按钮即可。

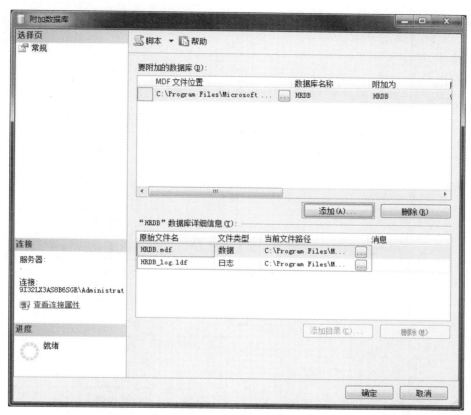

图 2-7 附加数据库 2

2.2 数据表的管理

本节将介绍如何使用 SQL Server Management Studio 管理数据表。

2.2.1 SQL Server 2012 的数据类型

一个数据库可以存放很多表，而一张表是由行和列组成的，每一行表示一个实体，而每一列表示实体的属性，如张三的姓名、年龄等，每一列在计算机中存储都会占用空间，而且对于不同的列要求的数据类型也不一样，例如，张三的姓名和张三的出生日期就应该使用不一样的数据类型来存储。SQL Server 2012 提供了不同的数据类型，如表 2-1 所示。

表 2-1　SQL Server 2012 的数据类型

分　类	备　注	数据类型	说　明
二进制数据类型	存储非字符和文本的数据	image	可用来存储图像
文本数据类型	字符数据包括任意字母、符号或数字字符的组合	char	固定长度的非 Unicode 字符
		varchar	可变长度的非 Unicode 字符
		nchar	固定长度的 Unicode 字符
		nvarchar	可变长度的 Unicode 字符
		text	存储长文本信息
		ntext	存储可变长度的长文本
日期和时间	在单引号内输入	date	存储年月日
		time	存储时分秒
		datetime	存储年月日时分秒
		datetime2	比 datetime 精度更高
		datetimeoffset	包含年月日时分秒和时区
数字数据	该数据仅包含数字，包括正数、负数以及分数	int	整数
		smallint	整数
		float	包含小数
		real	包含小数
货币数据类型	用于十进制货币值	money	存储货币
bit 数据类型	表示是/否的数据	bit	存储布尔数据类型
xml 类型	包含字符串	xml	存储 xml 字符串

2.2.2　创建表

上一节已经在数据库服务器上创建好了Students数据库，但是数据库中没有任何数据，现在要将学员信息存储到 Students 数据库中，在存放数据之前，必须要创建在 Students 数据库中存放学员信息数据的规则，这个规则就是数据库表。

下面创建学员信息表，在这个表中要存储的信息有学号(StuID)、姓名(StuName)、性别(StuSex)，具体信息如表 2-2 所示。

表 2-2 学员信息表(StuInfo)

列 名	数 据 类 型	备 注
StuID	int	学号
StuName	varchar(10)	姓名
StuSex	char(2)	性别

使用 SQL Server Management Studio 在 Students 数据库中创建表的方法如图 2-8 所示。

图 2-8 使用 SQL Server Management Studio 新建表

单击"新建表"选项后，会看到如图 2-9 所示的"新建表"对话框，以新建"学员信息表"为例，根据设计会有 3 列，将 3 列的列名及数据类型分别填写到相应的位置。

列名	数据类型	允许 Null 值
StuID	int	☑
StuName	varchar(10)	☑
StuSex	char(2)	☑

图 2-9 新建学员信息表

单击"关闭"按钮，询问"是否保存对以下各项的更改"时，选择"是"，在接下来的弹出框中输入表名 StuInfo，单击"确定"按钮即可，如图 2-10 所示。

图 2-10 填写表名称

2.2.3　数据完整性

经过上一节的学习，大家已经完全掌握了数据库中表的建立方法。接着请大家思考一下：现在需要在 Students 数据库中创建一张"学员成绩表(StuMarks)"，需要设计哪些列？这些列对数据有什么样的要求？

数据存放在表中，为了保证数据的一致性和可靠性，在设计数据库表的时候会考虑一系列数据的完整性。如果在设计的时候不考虑数据完整性，就会产生一系列的数据冗余。例如，人的年龄一般为 0~150 岁，如果在输入数据的时候输入 1000，那么就不正确了。所以，在设计和创建数据库表时，必须要保证数据的完整性。创建表保证数据完整性，其实就是创建约束。例如，可以约束人的年龄这一列的数据的值在 0~150，其他值则无效。

数据完整性(Data Integrity)是指数据的精确性(Accuracy)和可靠性(Reliability)。它是因防止数据库中存在不符合语义规定的数据和防止因错误信息的输入输出造成无效操作或错误信息而提出的。

在 SQL Server 2012 中，完整性包括如下几项。

1. 实体完整性

实体完整性指表中行的完整性。要求表中的所有行都有唯一的标识符，称为主关键字。思考一下，在学员信息表中，哪一列的数据能够唯一地确定一个学员？是学号？姓名？还是性别？很显然是学号。例如，在 StuInfo 里面有一个学号为 8001 的学员，那么其他学员的学号就不可能是 8001 了，学号可以唯一地确定一个学员。这时，称"学号"列为学员信息表的主关键列。

2. 域完整性

域完整性能够保证表中的数据是合法的数据。例如，在 StuInfo 里面用 StuSex 来描述学员的性别，此处设计者必须约束只能填写"男"或"女"，而不能随意地填写，否则这样的数据谁也不能理解。这种完整性，我们称其为域完整性。

3. 引用完整性(参照完整性)

引用完整性是指某列的值必须与其他列的值匹配。

在设计好学员信息表之后，还需要设计一张表来存储学员的成绩，如果我们这样设计，看看是否合理，如表 2-3 所示。

表 2-3　学员成绩表 1(StuMarks)

列　名	数据类型	备　注
StuID	int	学号
StuName	varchar(10)	姓名
Score	int	分数

如果我们如上表一样设计学员成绩表，可以很明显地看到，学员成绩表中的数据与学员信息表大量重复，这样的设计浪费了大量的数据库资源，会导致大量数据的冗余和不一致。为了避免这些问题，我们设计了表 2-4 所示的学员成绩表。

表 2-4　学员成绩表 2(StuMarks)

列　名	数据类型	备　注
MarkID	int	编号
StuID	int	学号
Score	int	分数

细心的用户一定会问：如果在查看学员分数的同时也想知道学员的姓名和性别，应该怎么办？这个问题在下一单元会告诉你答案。

2.2.4　创建约束

针对以上完整性问题，我们可以实施约束来保证数据完整性。

1. 主键

为了满足实体完整性，我们可以通过设定主键来约束。所谓主键是指能够唯一标识表中一条记录的键。例如，在StuInfo表中，哪一列能够唯一标识表中的一条记录呢？那就看看学员信息表中哪一列的数据是不允许重复的。

姓名能重复吗？一个学校中有很多同名同姓的学员，姓名列会出现数据重复的情况。

性别能重复吗？这个答案很明确，所有的人只能是"男"或"女"，肯定会重复。

学号可以重复吗？学号是每个学员入学时编配的，每个人都有自己唯一的学号，就算是名字相同的学员，也会有不一样的学号，而且永远也不会重复。

通过上述的分析，可以很清楚地判断出：学号列可以作为 StuInfo 表中的主键。因为学号永远都不会重复，并且每一个学号都能够确定表中的一行记录。

那么在 SQL Server Management Studio 中如何设置主键呢？打开表的设计界面，选择设为主键的列，单击工具栏上的"设置主键"按钮，如图 2-11 所示。

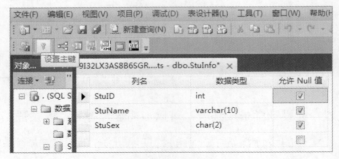

图 2-11　设置主键

一个表只能有一个主键，但可以把多个列联合起来构成一个主键。

2. 检查约束

为了保证域的完整性，可以设定检查约束。

例如，在 StuMarks 表中如何保证成绩的值只能是 0～100？

在需要设定检查约束的列上右击，选择"CHECK 约束"选项，如图 2-12 所示，就会弹出"CHECK 约束"对话框，单击"添加"按钮，如图 2-13 所示，在右侧的"表达式"栏中输入：Score>= 0 and Score<=100，这样就保证了 StuMarks 中的成绩只能是 0～100 的值。

图 2-12　CHECK 约束 1

3. 外键

在 StuInfo 和 StuMarks 表中，都有 StuID 这个列，而且这两个表中的 StuID 是有联系的。从逻辑上说，学员要先入学，经过了一个学期的学习并参加考试，之后才会有成绩。也就是说，在数据库中先有学员的基本信息，考试后在学员成绩表中才有相应的考试成绩。假如 StuInfo 表中学员编号为 1～100，而 StuMarks 表中由于录入人员的输入错误，输入了 101，显然，谁也不会知道编号为 101 的这个学员是谁了。

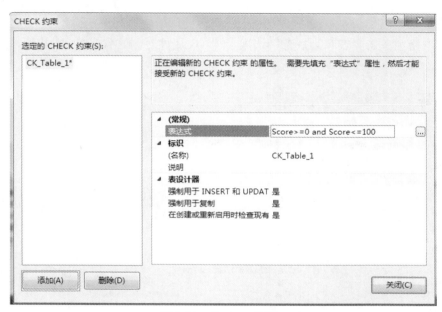

图 2-13　CHECK 约束 2

有什么办法可以避免这样的问题发生呢？

让 StuMarks 表中的 StuID 完全地参照 StuInfo 表中的 StuID，也就是满足引用完整性，可以通过设定外键进行约束。外键是能确保数据完整性的方法，也能表现表之间的关系。

外键在定义外键的表(外键表)和外键引用的表(主键表)之间创建依赖关系。添加外键之后，外键表的记录或者必须与主键表中被引用列的某个记录匹配，或者外键列的值为 NULL。

例如，在学员成绩表中的学号，它必须来自学员信息表中的学号，这时我们称学员成绩表中的学号是学员信息表的外键。当两张表存在外键关系时，它们具有如下特点。

- 当主键表中没有对应的记录时，不能将记录添加到外键表(学员成绩表中不能出现在学员信息表中不存在的学号)。
- 不能更改主键表中的值而导致外键表中的记录孤立(学员信息表中的学号改变了，学员成绩表中的学号也应当随之改变)。
- 外键表存在与主键表对应的记录时，不能从主键表中删除该行。
- 删除主键表前，先删除外键表(先删除学员成绩表，后删除学员信息表)。

在 SQL Server Management Studio 中，通过建立两张表之间的关系来确定建立外键表，具体步骤如下。

(1) 右击要定义外键的表，再单击"设计"选项。此时，将在表设计器中打开该表。

(2) 在表设计器中右击，在弹出的快捷菜单中单击"关系"选项。

(3) 在"外键关系"对话框中，单击"添加"按钮添加一个关系。

(4) 在网格中单击"表和列规范"选项，再单击属性右侧的省略号(...)按钮，如图 2-14 所示。

图 2-14　添加外键 1

(5) 在"表和列"对话框中，先选择主键表的主键列，再选择外键表的外键列，如图 2-15 所示。在此例中，主键为 StuInfo 表中的 StuID，外键为 StuMarks 表中的 StuID，表示 StuMarks 中的 StuID 必须是在 StuInfo 中存在的 StuID 才可以。

4. 默认约束

为某张表的某列添加默认值。例如，性别的默认值是"男"，就可以添加默认约束。

5. 标识列

在很多情况下，很难找到主键，我们可以设定标识列。标识列的值由系统生成。

6. 列值是否允许为空

有的列不可以为空，有的列可以为空，我们可以通过设置是否允许为空进行设定。

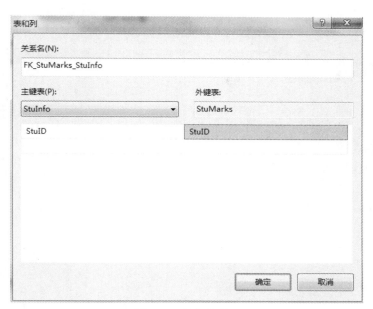

图 2-15 添加外键 2

7. 唯一性约束

唯一性约束用于指定一个或者多个列的组合值具有唯一性，以防止在列中输入重复的值。前面提到过，每个表只能有一个主键，因此，当表中已经有一个主键值时，如果还需要保证其他列的值唯一，就可以使用唯一性约束。

唯一列的值允许为空，但是系统为保证其唯一性，最多只可以出现一个 NULL 值。当使用唯一性约束时，需要考虑以下几个因素。

- 使用唯一性约束的字段允许为空值。
- 一个表中允许有多个唯一性约束。

在外键关系中，只有表的主键列或唯一列才能被其他表引用。

2.3 导入和导出数据

为了方便数据的交换和其他非专业人士对数据的处理，有时候我们需要将SQL Server 2012 的数据以其他数据格式的形式输出，这时候就需要导入/导出向导。在对象资源管理器中右击"管理"按钮，然后单击"导出数据"选项，会弹出如图 2-16 所示的对话框，选中需要导出的数据库，单击"下一步"按钮，弹出如图 2-17 所示的对话框。导出目标可选择数据库服务器，可通过服务器的选择将数据导出到另一台数据库服务器中；导出目标也可以选择平面文件，可通过选择将数据导出成指定格式的文件。

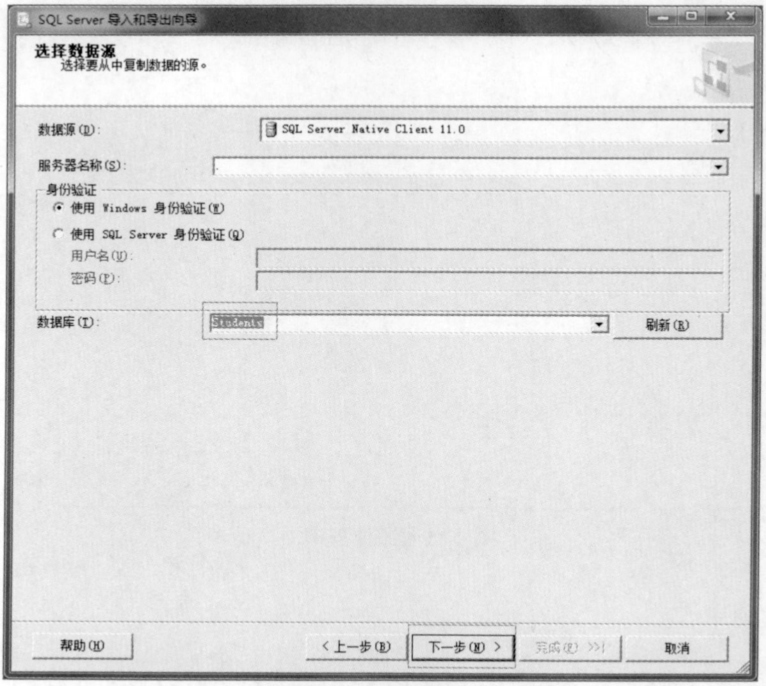

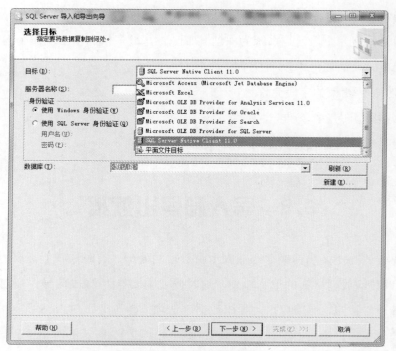

图 2-16 选择数据源

图 2-17 选择目标

2.4 删除表

若出现表格错误，或者不再需要的情况，可以将表从数据库中删除。只需要在对象资源管理器中，右击要删除的表格，选择"删除"即可。但需注意，如果表之前存在主外键的依赖关系，需要先删除外键表后，才能删出主键表。直接删除主键表，会产生错误提示，如图 2-18 所示。

图 2-18 删除主键表的错误提示

【单元小结】

- 使用企业管理器管理数据库。
- 创建和删除数据库。
- 配置数据库属性。
- 使用企业管理器管理数据表。
- 创建表。
- 保证数据完整性。
- 创建约束。
- 使用企业管理器导入数据和导出数据。

【单元自测】

1. 主键用来实施( )。

    A. 引用完整性约束　　　　　　　　B. 实体完整性约束

    C. 域完整性约束　　　　　　　　　D. 自定义完整性约束

2. 手机号码应该采用( )格式的数据类型来存储。

    A. char　　　　　　B. int　　　　　　C. float　　　　　　D. bit

3. SQL Server 主数据库文件的后缀名是(　　)。

    A．.ndf   B．.ldf   C．.mdf   D．.tdf

4. 数据完整性是指(　　)。

    A．数据库中的所有数据格式一样

    B．数据库中的数据不可以重复

    C．数据库中的数据能够反映实际情况

    D．所有的数据都存储在数据库中

5. 关于主键，下列说法正确的是(　　)。

    A．一张表必须要有主键   B．一张表建议加主键

    C．一张表可以设定多个主键   D．一个主键只能对应一列

【上机实战】

上机目标

- 使用企业管理器管理数据库。
- 使用企业管理器管理数据表。
- 数据导入与导出。

上机练习

◆ 第一阶段 ◆

练习 1：利用企业管理器创建登录信息表

【问题描述】

创建一张登录信息表(LoginInfo)，如表 2-5 所示。

表 2-5　登录信息表

列　　名	数 据 类 型	备　　注
编号(LoginID)	int	主键，标识列
账户(Admin)	char(10)	非空
密码(Pwd)	char(10)	非空，默认值为'123456'

【问题分析】

本练习主要介绍如何使用企业管理器管理数据表。

【参考步骤】

(1) 创建数据库 Students。

参考理论部分"2.1.2　创建数据库"。

(2) 如表 2-6 所示，按要求创建表 LoginInfo。

(3) 按要求设定约束。

表 2-6　建表要求

列　　名	类　　型	约　　束
LoginID	int	主键
Admin	char(10)	不为空
Pwd	char(10)	不为空

(4) 为表格添加 5 行数据。

练习 2：创建两张表并设定约束

【问题描述】

创建一个数据库(Students)，包含学生信息表(StuInfo)和学生成绩表(StuExam)两个表，分别如表 2-7 和表 2-8 所示。

表 2-7　学生信息表

列　　名	数 据 类 型	备　　注
学号(StuID)	int	主键，学号不可以超过 1000
姓名(StuName)	char(10)	非空
性别(StuSex)	bit	非空

表 2-8　学生成绩表

列　　名	数 据 类 型	备　　注
考号(ExamNO)	int	主键
学号(StuID)	int	外键
分数(Score)	int	非空，默认值为 0

【问题分析】

本练习主要是利用企业管理器创建表，并实施约束。

【参考步骤】

(1) 创建数据库。

(2) 创建表。

(3) 实施约束。

(4) 插入数据。

◆ 第二阶段 ◆

练习3：将数据导出到 Excel

【问题描述】

将练习 2 创建的数据库导出到 Excel。

【问题分析】

● 理解什么是导入和导出。

● 如何导入和导出。

● 注意数据源和目标的选择。

练习4：数据库的分离和附加

【问题描述】

将练习 2 创建的数据库分离，然后附加。

【问题分析】

● 如何分离数据库。

● 如何附加数据库。

【拓展作业】

1. 请统计你的家庭成员的信息，创建一张家庭信息表。

2. 请将家庭信息表导出成为 Excel 格式。

3. 创建两张表：教师信息表(职工编号，职工姓名)和教师住址表(职工编号，住处)，并思考应该加入多少种约束。

4. 默认情况下，我们都采用 Windows 验证方式登录，请查询如何使用 sa 账户进行登录。

5. 通过联机帮助，查询如何备份和还原数据库。

单元 三

查询分析器的使用

 课程目标

▶ 掌握使用查询分析器管理数据库。

▶ 掌握使用查询分析器管理表。

▶ 掌握使用查询分析器创建和删除约束。

▶ 了解使用查询分析器创建登录名、用户。

 **简 介**

上一单元已经讨论了利用企业管理器管理数据库、管理表、为表添加约束。有了这些基础后，本单元我们将学习如何使用查询分析器来管理数据库、表以及约束。

3.1 使用查询分析器管理数据库

本节将介绍如何使用查询分析器管理数据库。

3.1.1 SQL 和 T-SQL

通过企业管理器管理数据库和表固然直观，但是存储在数据库中的数据根本无法提供给程序使用，所以数据库也需要一套指令，能够识别指令、执行对应的操作并为程序提供数据。目前标准的指令集是 SQL。

SQL 语言是 1974 年由 Boyce 和 Chamberlin 提出的，1975—1979 年 IBM 公司研制的关系数据库管理系统原型系统 System R 实现了该语言，经过多年的发展，SQL 语言已成为关系数据库的标准语言。

T-SQL(Transact Structured Query Language)是标准SQL的加强版，除了标准的 SQL 命令之外，还对 SQL 命令做了许多补充，如变量说明、流程控制和功能函数等。T-SQL 为.NET 语言。SQL Server 2012 可以使用任何.NET语言来访问数据库，而T-SQL值保留了操作SQL Server 的核心功能。

3.1.2 创建数据库

在单元二中，我们学习了如何使用企业管理器创建数据库，这一节我们将学习如何使用查询分析器来创建数据库。学习使用查询分析器创建数据库的关键是学习 T-SQL。

T-SQL 创建数据库的语法如下。

```
CREATE DATABASE 数据库名
ON [PRIMARY]
(
    <数据文件参数>   [, ...n]   [<文件组参数>]
)
[LOG  ON]
```

```
(
    {<日志文件参数>  [, …n ]}
)
```

文件的具体参数的语法如下。

```
( [NAME=逻辑文件名, ]
FILENAME=物理文件名
[,   SIZE=大小]
[,   MAXSIZE={最大容量|UNLIMITED}]
[,   FILEGROWTH=增长量] )   [,   …n]
```

文件组参数的语法如下。

```
FILEGROUP   文件组名   <文件参数>   [,   …n]
```

其中，"[]"表示可选部分，"{}"表示需要的部分。各参数的含义说明如下。

● 数据库名：数据库的名称，最长为 128 个字符。

● PRIMARY：该选项是一个关键字，指定主文件组中的文件。

● LOG ON：指明事务日志文件的明确定义。

● NAME：指定数据库的逻辑名称，这是在 SQL Server 2012 系统中使用的名称，是数据库在 SQL Server 2012 中的标识符。

● FILENAME：指定数据库所在文件的操作系统文件名称和路径，该操作系统文件名和 NAME 的逻辑名称一一对应。

● SIZE：指定数据库的初始容量大小。

● MAXSIZE：指定操作系统文件可以增长到的最大尺寸。

● FILEGROWTH：指定文件每次增加容量的大小，当指定数据为 0 时，表示文件不增长。

例：现在我们用查询分析器来创建数据库Students，单击"新建查询"按钮，这时候建立一个可编辑区域，在文本里输入如下代码。

```
CREATE DATABASE Students
 ON PRIMARY    --默认就属于 PRIMARY 主文件组，可省略
 (
    -- 数据文件的具体描述
    NAME='Students_data',                --主数据文件的逻辑名
    FILENAME='E:\temp\Students_data.mdf ',   --主数据文件的物理名
    SIZE=1MB,                            --主数据文件的初始大小
    MAXSIZE=50MB,                        --主数据文件增长的最大值
```

```
        FILEGROWTH = 10%                        --主数据文件的增长率
    )
    LOG ON
    (
        --日志文件的具体描述，各参数含义同上
        NAME='Students_log',
        FILENAME='E:\temp\Students_log.ldf ' ,
        SIZE=1MB,
        FILEGROWTH=1MB
    )
    GO
```

在 E 盘下创建目录 temp 后，就可以单击"执行"按钮，这时候会在 E:\temp 下建立一个 Students_data.mdf 和 Students_log.ldf 数据库。

大家会发现上面的代码比较复杂，其实创建数据库不需要这么麻烦，一些细致的参数可以使用默认值。

例：创建一个 Teacher 数据库，编写如下代码。

```
    CREATE DATABASE Teacher
    GO
```

这时候会在 SQL Server 2012 安装目录下的 data 文件夹下生成 Teacher_data.mdf 和 Teacher_log.ldf 数据库。

例：创建多个数据文件和多个日志文件，并创建一个 Home 数据库，代码如下。

```
CREATE DATABASE Home
 ON PRIMARY   -- 默认就属于 PRIMARY 主文件组，可省略
 (
    -- 主数据文件的具体描述
    NAME='Home1_data',                  --主数据文件的逻辑名
    FILENAME='E:\temp\Home1_data.mdf ',   --主数据文件的物理名
    SIZE=3MB,                           --主数据文件的初始大小
    MAXSIZE=50MB,                       --主数据文件增长的最大值
    FILEGROWTH = 10%                    --主数据文件的增长率
 ),
 (
    -- 次数据文件的具体描述
    NAME='Home2_data',                  --次数据文件的逻辑名
    FILENAME='F:\temp\Home2_data.ndf ',   --次数据文件的物理名，可指定不同的存放位置
    SIZE=1MB,                           --次数据文件的初始大小
```

```
      MAXSIZE=50MB,                    --次数据文件增长的最大值
      FILEGROWTH = 10%                 --次数据文件的增长率
  )
 LOG ON
 (
     --日志文件的具体描述，各参数含义同上
     NAME='Homelog1_log',
     FILENAME='E:\temp\Homelog1_log.ldf ',
     SIZE=1MB,
     FILEGROWTH=1MB
 ),
 (
     --日志文件的具体描述，各参数含义同上
     NAME='Homelog2_log',
     FILENAME='F:\temp\Homelog2_log.ldf ',
     SIZE=1MB,
     FILEGROWTH=1MB
 )
 GO
```

通过上面的示例我们创建了 Home 数据库，产生了两个数据文件和两个日志文件，且两个数据文件、两个日志文件分别存放在不同的盘符中。

3.1.3 删除数据库

使用查询分析器删除数据库的语法如下。

DROP DATABASE 数据库名

例如，现在要求删除 Home 数据库，代码如下。

```
DROP DATABASE Home
GO
```

3.2 数据表的管理

本节将介绍如何使用查询分析器管理数据表。

3.2.1 创建表

创建表的语法如下。

```
CREATE TABLE 表名
(
    字段 1  数据类型  属性  约束,
    字段 2  数据类型  属性  约束,
    ...
)
```

其中，列的特征包括该列是否为空(NULL)、是否是标识列(自动编号)、默认值、主键等。

例：创建学生信息表(StuInfo)，代码如下。

```
USE Students                    --将当前数据库设置为 Students
GO
CREATE TABLE StuInfo            --创建学生信息表
(
    StuID int NOT NULL,         --学生学号，非空
    StuName char(10) NOT NULL,  --学生姓名，非空
    StuSex bit NOT NULL         --学生性别，非空
)
GO
```

例：创建学生成绩表(StuMarks)，代码如下。

```
CREATE TABLE StuMarks           --创建学生成绩表
(
    ExamNO int NOT NULL,        --考号
    StuID int NOT NULL,         --学号
    Score int NOT NULL          --成绩
)
GO
```

例：创建登录信息表(LoginInfo)，代码如下。

```
CREATE TABLE LoginInfo          --创建登录信息表
(
    LoginID int IDENTITY(1,1),  --登录号
    Admin char(10) NOT NULL,    --账户
    Pwd char(10) NOT NULL       --密码
```

```
)
GO
```

其中，列属性 IDENTITY(初始值，递增量)表示"LoginID"列为标识列，在添加数据时系统会自动输入，不用手动添加。

3.2.2　删除表

使用查询分析器删除表的语法如下。

```
DROP TABLE  表名
```

例如，现在要求删除 LoginInfo 表，代码如下。

```
DROP TABLE LoginInfo
GO
```

3.3　管理约束

约束的目的是确保表中数据的完整性，在单元二中，我们学习了如何使用企业管理器创建约束，这一节我们将学习如何使用查询分析器来管理约束。

常见的约束类型有如下几项。

- 主键约束(Primary Key Constraint)。

- 唯一约束(Unique Constraint)。

- 检查约束(Check Constraint)。

- 默认约束(Default Constraint)。

- 外键约束(Foreign Key Constraint)。

3.3.1　添加约束

在创建表时，可以在字段后面添加各种约束，但是为了不混合，推荐将约束和创建表分开编写。添加约束的语法如下。

```
ALTER TABLE  表名
ADD CONSTRAINT  约束名    约束类型    具体的约束说明
```

为学生信息表和学生成绩表添加约束，代码如下。

```
--为学生信息表添加主键
ALTER TABLE StuInfo
    ADD CONSTRAINT PK_StuID PRIMARY KEY (StuID)
--为学生信息表添加唯一键
ALTER TABLE StuInfo
    ADD CONSTRAINT UQ_StuName UNIQUE (StuName)
--为学生信息表添加默认约束
ALTER TABLE StuInfo
    ADD CONSTRAINT DF_StuSex DEFAULT (1) FOR StuSex
GO
--为学生成绩表添加主键
ALTER TABLE StuMarks
    ADD CONSTRAINT PK_ExamNO PRIMARY KEY (ExamNO)
--为学生成绩表添加检查约束
ALTER TABLE StuMarks
    ADD CONSTRAINT CK_Score CHECK(Score >=0 and Score<=100)
--为学生成绩表添加外键约束
ALTER TABLE StuMarks
    ADD CONSTRAINT FK_StuID
        FOREIGN KEY(StuID) REFERENCES StuInfo(StuID)
GO
```

上述是添加约束的常见方法，其实还可以使用一种更简单的方式添加约束，那就是在创建表的同时实施约束。现在我们将前面创建表和实施约束写在一起，采用这种方式，唯一要注意的问题就是创建表的先后，参考代码如下。

```
USE Students                                  --将当前数据库设置为 Students
GO

CREATE TABLE StuInfo                          --创建学生信息表
(
    StuID int NOT NULL PRIMARY KEY,           --学生学号，非空，主键
    StuName char(10)   UNIQUE NOT NULL,       --学生姓名，非空，唯一
    StuSex bit NOT NULL DEFAULT(1)            --学生性别，非空，默认
)
GO
CREATE TABLE StuMarks                         --创建学生成绩表
(
    ExamNO int NOT NULL PRIMARY KEY,          --考号，主键
    StuID int NOT NULL REFERENCES StuInfo(StuID),    --学号，外键
    Score int NOT NULL CHECK(Score >=0 and Score <=100)  --成绩，检查
```

```
)
GO
```

3.3.2　删除约束

使用查询分析器删除约束的语法如下。

```
ALTER TABLE  表名
DROP CONSTRAINT  约束名
```

例如，现在要求删除 StuInfo 表中性别的默认约束，代码如下。

```
ALTER TABLE StuInfo
DROP CONSTRAINT DF_StuSex
```

3.4　使用 T-SQL 操作登录名、用户

要想成功访问 SQL Server 数据库中的数据，需要如下两个方面的授权。

● 获得准许连接 SQL Server 服务器的权利。

● 获得访问特定数据库中数据的权利(select, update, delete, create table ...)。

假设，我们准备建立一个 dba 数据库账户，用来管理数据库 mydb。

(1) 在 SQL Server 服务器级别，创建登录账户(CREATE LOGIN)。

```
--创建登录账户(CREATE LOGIN)
CREATE LOGIN dba WITH PASSWORD='abcd1234@', DEFAULT_DATABASE=students
```

登录账户名："dba"；登录密码："abcd1234@"；默认连接到的数据库："students"。这时候，dba 账户就可以连接到 SQL Server 服务器上了。但是，此时还不能访问数据库中的对象(严格地说，此时 dba 账户默认是 guest 数据库用户身份，可以访问 guest 能够访问的数据库对象)。

要使 dba 账户能够在 students 数据库中访问自己需要的对象，需要在数据库 students 中建立一个"数据库用户"，赋予这个"数据库用户"某些访问权限，并且把登录账户"dba"和这个"数据库用户"映射起来。习惯上，"数据库用户"的名字和"登录账户"的名字相同，即"dba"。创建"数据库用户"和建立映射关系只需要一步即可完成。

(2) 创建数据库用户(CREATE USER)。

```
--为登录账户创建数据库用户(CREATE USER)，在 students 数据库"安全性"中的"用户"下可以
```

```
找到新创建的 dba
CREATE USER dba FOR LOGIN dba WITH DEFAULT_SCHEMA=dbo
```

指定数据库用户"dba"的默认 schema 是"dbo"。这意味着用户"dba"在执行"select * from t"，实际上执行的是"select * from dbo.t"。

(3) 通过加入数据库角色，赋予数据库用户"dba"权限。

```
--通过加入数据库角色，赋予数据库用户"db_owner"权限
EXEC SP_ADDROLEMEMBER 'db_owner', 'dba'
```

此时，dba 就可以全权管理数据库 mydb 中的对象了。

如果想让 SQL Server 登录账户"dba"访问多个数据库，如 mydb2，可以让 sa 执行下面的语句。

```
--让 SQL Server 登录账户"dba"访问多个数据库
USE mydb2
GO
CREATE USER dba FOR LOGIN dba WITH DEFAULT_SCHEMA=dbo
GO
EXEC SP_ADDROLEMEMBER 'db_owner', 'dba'
GO
```

此时，dba 就可以有两个数据库 students、mydb2 的管理权限了。

【单元小结】

- 查询分析器可以通过 T-SQL 语句管理数据库。
- 通过 T-SQL 语句创建数据库。
- 通过 T-SQL 语句删除数据库。
- 查询分析器可以通过 T-SQL 语句管理表结构。
- 通过 T-SQL 语句创建表。
- 通过 T-SQL 语句删除表。
- 使用查询分析器管理约束。

【单元自测】

1. 创建数据库时，不需要指定(   )属性。

    A. 数据库的访问权限   B. 数据库的存放位置

C. 数据库的物理名和逻辑名   D. 数据库的初始大小

2. 在 SQL Server 2012 中，删除数据表使用( )语句。

    A. REMOVE   B. DELETE   C. ALTER   D. DROP

3. 创建学生信息表时，设定学号要小于1000，应采用( )约束。

    A. 外键   B. 默认   C. 主键   D. 检查

4. 某个字段希望存放住址，最好采用( )数据类型。

    A. char(10)   B. varchar(10)   C. text   D. int

5. 关于约束，下列说法正确的是( )。

    A. 一张表必须要有约束   B. 建议每张表都加主键约束

    C. 标识列一定是主键   D. 主键一定是标识列

【上机实战】

上机目标

- 使用查询分析器管理数据库。
- 使用查询分析器管理表。
- 使用查询分析器添加和删除约束。

上机练习

◆ 第一阶段 ◆

练习1：用 T-SQL 创建一张登录信息表

【问题描述】

创建一张登录信息表(LoginInfo)，如表 3-1 所示。

表 3-1 登录信息表

列 名	数 据 类 型	备 注
编号(LoginID)	int	主键，标识列
账户(Admin)	varchar(10)	非空
密码(Pwd)	varchar(10)	非空，默认值为'123456'

【问题分析】

本练习主要是如何使用查询分析器管理表。

【参考步骤】

(1) 创建数据库 studb，代码如下所示。

```
create database studb
on primary
(
    name='studb_data',
    filename='d:\studb_data.mdf ',
    size=3,
    maxsize=50,
    filegrowth=1
)
log on
(
    name='studb_log',
    filename='d:\studb_log.ldf ',
    size=1,
    filegrowth=10%
)
GO
```

(2) 创建表 LoginInfo，代码如下所示。

```
USE studb
GO
CREATE TABLE LoginInfo                  --创建登录信息表
(
    LoginID int IDENTITY(1,1) NOT NULL,     --登录号
    Admin varchar(10) NOT NULL,             --账户
    Pwd varchar(10) NOT NULL                --密码
)
GO
```

(3) 设定约束，代码如下所示。

```
--为登录信息表添加主键
ALTER TABLE LoginInfo
    ADD CONSTRAINT PK_LoginID PRIMARY KEY (LoginID)
```

```
--为登录信息表添加唯一键
ALTER TABLE LoginInfo
    ADD CONSTRAINT UQ_Admin UNIQUE (Admin)
--为登录信息表添加默认约束
ALTER TABLE LoginInfo
    ADD CONSTRAINT DF_Pwd DEFAULT ('123456') FOR Pwd
GO
```

(4) 利用企业管理器添加数据，如图3-1所示。

	LoginID	Admin	Pwd
	1	aaa	123455
	2	bbb	1234
	3	ccc	123
▶*	NULL	NULL	NULL

图 3-1 添加数据

练习2：利用查询分析器创建两张表并实施约束

【问题描述】

创建一个数据库(Students)，包含学生信息表(StuInfo)和学生成绩表(StuExam)，分别如表3-2和表3-3所示。

表 3-2 学生信息表

列 名	数 据 类 型	备 注
学号(StuID)	int	主键，学号不可以超过1000
姓名(StuName)	char(10)	非空
性别(StuSex)	bit	非空

表 3-3 学生成绩表

列 名	数 据 类 型	备 注
考号(ExamNO)	int	主键
学号(StuID)	int	外键
分数(Score)	int	非空，默认值为0

【问题分析】

本练习主要是利用查询分析器创建表，并实施约束。

【参考步骤】

(1) 创建数据库。

(2) 创建表。

(3) 实施约束。

(4) 利用企业管理器插入数据。

◆ 第二阶段 ◆

练习3：利用查询分析器创建课程信息表

【问题描述】

创建一张课程信息表(CourseInfo)，如表3-4所示。

表3-4 课程信息表

列 名	数据类型	备 注
课程号(CourseNO)	int	主键
课程名称(CourseName)	char(20)	非空
学分(Marks)	int	非空，默认值为1 值(1～5)

【问题分析】

- 如何创建表。
- 如何创建检查约束。

练习4：利用查询分析器创建学生选课表

【问题描述】

结合以前所学的知识，请创建三张表(学生信息表、学生成绩表、课程信息表)。课程信息表已经在练习3中创建了。因此，只需创建如表3-5和表3-6所示的两张表即可。

表3-5 学生信息表

列 名	数据类型	备 注
学号(StuID)	int	主键，学号不可以超过1000
姓名(StuName)	char(10)	非空
性别(StuSex)	bit	非空

表 3-6 学生成绩表

列 名	数 据 类 型	备 注
考号(ExamNO)	int	主键
学号(StuID)	int	外键
课程号(CourseNO)	int	外键
分数(Score)	int	非空，默认值为 0

 注意

考号和课程号是联合主键，课程号是 CourseInfo 的外键，学号是 StuInfo 的外键。

【问题分析】

● 如何创建外键。

● 如何创建联合主键。

【拓展作业】

1. 请统计你的家庭成员的信息，用查询分析器创建一张家庭信息表。

2. 有一家公司，公司里面有职工，请设计一张统计公司职工信息的表，并用查询分析器将其设计出来。

3. 将单元二课后创建的教师信息表和教师住址表，用查询分析器创建并加上约束。

4. 请编写一个带标识列和默认约束的表。

5. 通过联机帮助，查询如何修改表的结构。

单元 四

应用 T-SQL 管理数据

 课程目标

► 学习 T-SQL 的逻辑表达式。

► 学习 T-SQL 运算符。

► 学习使用 T-SQL 更新数据表。

简 介

在上一单元里，我们学习了在 SQL Server 2012 数据库中用 T-SQL 创建、删除数据库和数据表，以及向表中添加约束。那么创建表以后，如何用 T-SQL 来操作数据表，对它进行增加、删除和修改数据呢？

本单元我们就来学习编写 T-SQL 操作数据库。

4.1 T-SQL 的组成

T-SQL 语言主要由以下几个部分组成。

- 数据定义语言(Data Definition Language，DDL)用来建立数据库、数据表和定义其列，大部分是以 CREATE 开头的命令，如 CREATE TABLE、CREATE DATABASE 等。

- 数据操纵语言(Data Manipulation Language，DML)是用来操作数据库中数据的命令，如 SELECT、UPDATE、INSERT、DELETE 等。

- 数据控制语言(Data Control Language，DCL)是用来控制数据库组件的存取许可、存取权限等的命令，如 GRANT、REVOKE 等。

- 流程控制语言(Flow Control Language，FCL)是用于设计应用程序的语句，如 IF、WHILE、CASE 等。

另外，T-SQL 还有变量说明、内嵌函数等命令。

4.2 T-SQL 条件表达式和逻辑运算符

T-SQL 中的表达式与 C 语言一样，是由符号和运算符组成的。简单表达式可以是一个常数、变量、列或者函数，然后用逻辑运算符把两个或多个简单表达式连接成复杂表达式。

条件表达式

SQL Server 中的表达式可以由下面一个或多个参数组成。

- 常量：常量可以是一个或多个字符('a'、'abc')、数字或符号。字符和日期需要用单引号括起来，二进制字符串和数字常量则不需要。

- 列名：数据表中列的名称。
- 运算符：比较运算符(=、>、>=、<、<=等)、逻辑运算符(AND、OR、NOT 等)、算术运算符(+、一、*、/等)。

其中，比较运算符和逻辑运算符的含义分别如表 4-1 和表 4-2 所示。

表 4-1 比较运算符

比较运算符	含　义
=	等于
>	大于
<	小于
>=	大于或等于
<=	小于或等于
<>	不等于
!	非

表 4-2 逻辑运算符

逻辑运算符	含　义
AND	逻辑与
OR	逻辑或
NOT	逻辑非

逻辑运算符一般用来连接条件表达式。AND 连接条件表达式，当两个条件都满足时才返回真；OR 连接条件表达式，只要其中一个条件满足就返回真。

4.3 数据操纵语言

数据操纵语言(DML)是用来查询、添加、修改和删除数据库中数据的语句，这些语句包括 SELECT、INSERT、UPDATE、DELETE 和 TRUNCATE TABLE 等。

4.3.1 SELECT 语句

在 SQL Server 中，SELECT 语句是使用最为频繁的语句之一，使用它可以实现对数据库数据的查询操作，本书将在后面的单元中详细讲解 SELECT 语句，本单元将简单介绍基本的查询语句。SELECT 语句的语法格式如下所示。

> SELECT <字段列表> FROM <表名> [WHERE <条件表达式>]

例如，现在需要查询 StuInfo 表中所有的学员的信息，编写代码如下。

> --查询 StuInfo 表中的数据
> select StuID, StuName, StuSex from StuInfo

查询结果如图 4-1 所示。

图 4-1　查询 StuInfo 表中的数据

由图 4-1 可以清楚地看到查询的结果。因为 StuInfo 表中还没有任何数据，因此，查询的结果中看不到任何数据。

如果现在只需要查询 StuInfo 表中的 StuName 列的数据，则需编写如下 SQL 语句。

> --查询 StuInfo 表中的数据
> select StuName from StuInfo

查询结果如图 4-2 所示。

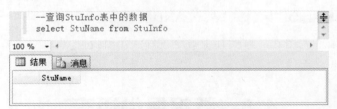

图 4-2　查询 StuName 列的数据

如果要查询数据表所有列的数据，在 SQL 语句中也可以使用*作为通配符来表示所有的列，代码如下所示。

> --查询 StuInfo 表中的数据
> select * from StuInfo

查询结果如图 4-3 所示。

图 4-3 使用*查询 StuInfo 表中的数据

其中，WHERE 条件表达式不是必需的，如果没有限制条件，就返回所有行。

4.3.2 INSERT 语句

INSERT 语句用于向数据表插入数据。INSERT 语句的语法格式如下所示。

INSERT [INTO] <表名> [(列名)] VALUES <值>

其中，INTO 关键字是可选的，可以省略；表名是必需的，不能省略；表中的列名可以省略，列名之间用逗号分隔；VALUES 中的数据值也是一样的。

例如，向 StuInfo 表中插入一个学生的信息，根据语法，请看一看下面的两条语句，哪一条语句能够将这条数据添加到数据库的表中？

INSERT INTO StuInfo (StuID,StuName,StuSex) VALUES (1,'唐僧','男')
INSERT INTO StuInfo (StuName,StuID,StuSex) VALUES ('唐僧',1,'男')

答案是：其中任意一条都可以。通过这个例子，我们清楚地看到 INSERT 语句对列的顺序没有要求，其值的顺序与列的顺序一致就是正确的，因此在编写 INSERT 语句时，一定要注意列与值位置的对应。

上面这条T-SQL 语句向数据表 StuInfo 中插入了一条记录，给列 StuID、StuName 和 StuSex 赋值，各列对应的值由 VALUES 中的数据指定。当然，也可以省略表名后面的列名，但是这需要保证 VALUES 中各项数据的顺序和数据表中列的顺序一致。例如：

INSERT INTO StuInfo VALUES (1,'唐僧','男')

插入数据的时候需要注意如下问题。

- VALUES 中数据值的数目必须与表中列的数目相同，并且数据类型、精度也必须与对应的列匹配。
- 表中不允许为空的列必须插入数据。
- INSERT 语句不能为标识列赋值，因为标识列是自动增长的。
- 插入字符类型和日期类型数据的时候，需要用单引号括起来。

- 插入的数据必须符合 CHECK 约束的要求，如果插入的数据违反 CHECK 约束，将会显示错误信息，提示插入失败。
- 虽然可以省略列名，但是最好指定列名，这样可以避免插入数据的顺序发生错误，导致数据插入操作失败。

如果StuInfo表中的设计如表 4-3 所示，则可以清楚地看到，StuInfo表的设计中姓名列 (StuName)允许为空(NULL)，而性别列(StuSex)有默认值。

表 4-3　学生信息表

列　　名	数 据 类 型	备　　注
StuID	int	学号
StuName	char(10)	姓名，允许为空
StuSex	char(2)	性别，默认值为"男"

这时候向表中插入数据，而且指定了列名，对具有默认值的列和允许为空的列插入数据，就需要用到 DEFAULT 和 NULL 关键字，如下所示。

```
INSERT INTO StuInfo (StuID,StuName,StuSex) VALUES (1,NULL,DEFAULT)
```

执行结果如图 4-4 所示。

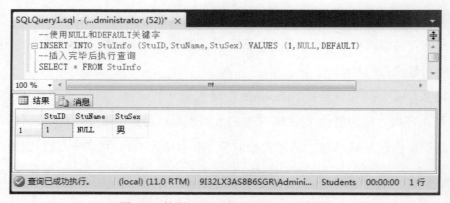

图 4-4　使用 NULL 和 DEFAULT 关键字

4.3.3　UPDATE 语句

UPDATE 语句用于修改数据表中的记录，即 UPDATE 语句用来更新已有的数据。其语法形式如下所示。

UPDATE　<表名>　SET　<列名=更新值>　[WHERE 条件表达式]

其中,表名是指要修改的表,SET 子句给出要修改的列名以及修改后的更新值。WHERE 子句指定要修改记录的选择条件。当 WHERE 子句省略时,则修改表中的所有行。例如,将 StuInfo 表中编号为 1 的记录的姓名改为"孙悟空",编写代码如下所示。

UPDATE StuInfo　SET　StuName='孙悟空'　WHERE StuID = 1

执行结果如图 4-5 所示。

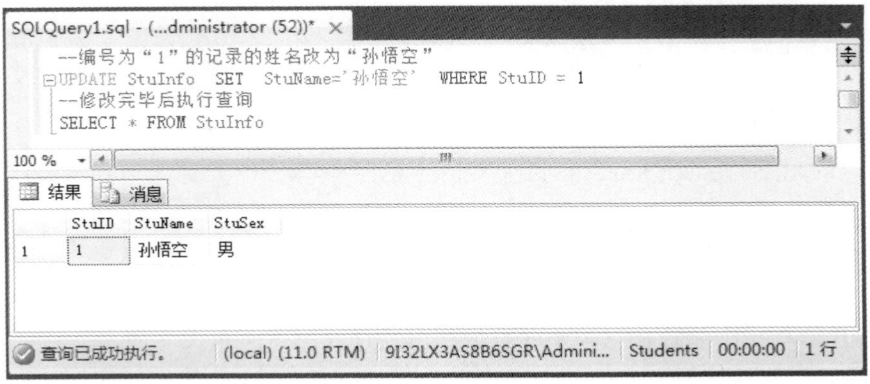

图 4-5　修改 StuInfo 表中编号为 1 的数据

请注意,示例中有一个很重要的语句:WHERE StuID = 1。上个示例表示修改 StuInfo 表中的数据,将姓名修改为"孙悟空",修改的是学号(StuID)为 1 的这条记录的数据,其他的数据不会更改,而如果缺少了这个 WHERE 语句的约束,会发生什么呢?——所有记录的姓名都会被改成"孙悟空"。

因此,在使用 UPDATE 修改数据时,一定要注意使用 WHERE 语句约束修改范围。

而如果需要将 StuInfo 数据表中所有学生的性别都改为"男",应该编写如下代码。

UPDATE StuInfo SET StuSex='男'

如果想修改数据表中多列的数据,可以在 SET 子句后面跟随多个列名以及更新值,中间用逗号(,)隔开,如下所示。

UPDATE StuInfo SET StuName='孙悟空', StuSex='女' WHERE StuID=1

执行结果如图 4-6 所示。

这条语句将 1 号学生的姓名改成"孙悟空",并且性别改成"女"。

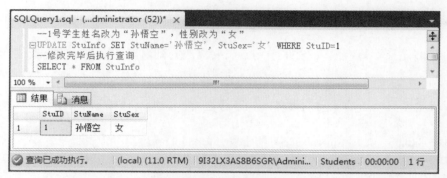

图 4-6　使用 UPDATE 修改多列数据

UPDATE语句可以引用数据表中的列。例如，对考号是 1 的学生进行提分，在原来的分数上加 5 分，编写代码如下所示。

```
UPDATE StuMarks    SET    Score=Score+5 WHERE ExamNo=1
```

4.3.4　DELETE 语句

DELETE 语句用于删除数据表中的数据，语法形式如下所示。

```
DELETE FROM   <表名>  [WHERE   条件表达式]
```

在 StuInfo 表中删除 StuID 是 1 的学生信息，代码如下所示。

```
DELETE FROM StuInfo WHERE StuID=1
```

如果要删除数据表中的所有信息，则可以省略条件表达式，代码如下所示。

```
DELETE FROM StuInfo
```

DELETE 语句删除的是一整行数据，而不是删除某列数据，因此 DELETE 关键字和 FROM 关键字之间不能放列名。

4.3.5　TRUNCATE TABLE 语句

删除数据表中的所有记录还有一种方式，那就是使用 TRUNCATE TABLE 语句。例如，删除 StuMarks 表中所有的记录，代码如下所示。

```
TRUNCATE TABLE StuMarks
```

上述语句与没有条件表达式的 DELETE 语句结果一样，但是执行的速度更快，使用的系统资源和事务日志更少，并且有外键约束的数据表不能使用TRUNCATE TABLE，需要用 DELETE 来完成。

4.4　插入多行数据

在上面的示例中，我们都是向表中插入一行数据，在实际开发中，很多时候都需要一次插入多行记录，那么在 SQL Server 2012 中可不可以同时向表中插入多行数据呢？

SQL Server 2012 主要提供了两种方式向数据表中同时插入多行数据，下面我们将一一讲解。

4.4.1　使用 SELECT…INTO…语句

SELECT…INTO…语句用于把查询结果存放到一个新表中(不存在的表)。

其中，INTO 后面直接跟新建的表的名称。新表的列由 SELECT 子句中指定的列构成，新表中的数据行是由 WHERE 子句指定的。

例：将 StuInfo 表中女生的信息插入到 StuInfo2 表中。

```
--将 StuInfo 表中女生的信息插入到 StuInfo2 表中
SELECT * INTO StuInfo2 FROM StuInfo
WHERE StuSex='女'
```

执行之后会生成一张新表 StuInfo2，将 StuInfo 中所有女生的信息插入到新表中，查询新表 StuInfo2，结果如图 4-7 所示。

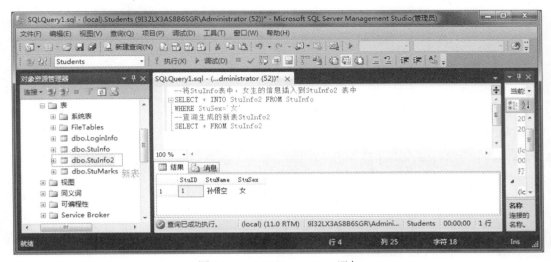

图 4-7　SELECT…INTO…语句

注意

　　使用 SELECT…INTO…语句向表中添加数据时，这个表必须是原数据库中不存在的新表，否则会出现错误。

4.4.2 使用 INSERT INTO…SELECT…语句

　　INSERT INTO…SELECT…语句可以完成一次插入多行的功能。其语法结构为 INSERT 语句与 SELECT 语句语法结构的组合，代码如下所示。

```
INSERT INTO 表名 [列名列表] SELECT 语句
```

　　INSERT INTO…SELECT…语句是将由 SELECT 语句产生的结果集插入到 INSERT 指定的表中。

　　例：将 StuInfo 表中 StuName、StuSex 列的所有数据，一次性添加到 StuInfo2 表中。

```
--将 StuInfo 表中 StuName、StuSex 列的所有数据，一次性添加到 StuInfo2 表中
INSERT INTO StuInfo2 (StuName, StuSex)
SELECT StuName, StuSex FROM StuInfo
```

　　在一次插入多条记录的时候，也可以编写如下代码。

```
INSERT    StuInfo (StuID,StuName,StuSex)
SELECT    2,'张三','女' UNION
SELECT    3,'李四','男' UNION
SELECT    4,'王五','男' UNION
SELECT    5,'赵六','女' UNION
SELECT    6,'钱七','女'
```

　　上述语句会将 5 条数据一起添加到 StuInfo 表中，我们可以清楚地看到，有 5 个 SELECT 语句用 UNION 将其连起来成为一条 SELECT 查询语句，但在此语句中不能使用 DEFAULT 默认关键字，这叫作"联合查询"，请先记住它的用法，我们将在后续的课程中详细地介绍 UNION 的用法，结果如图 4-8 所示。

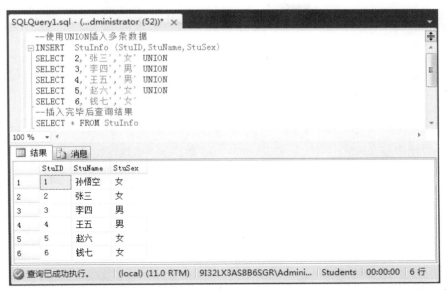

图 4-8 使用 UNION 插入多条数据

 注意

使用 INSERT INTO…SELECT…语句向表中添加数据时,这个表必须是原数据库中已经存在的表,否则会出现错误。

【单元小结】

- T-SQL 的组成。
- T-SQL 条件表达式和逻辑运算符。
- 使用 SELECT 语句查询数据表中的所有数据。
- 使用 INSERT 语句向数据表插入数据。
- 利用三种方式同时插入多行数据。
- 使用 UPDATE 语句修改数据表中的数据。
- 使用 DELETE 和 TRUNCATE TABLE 语句删除数据表中的数据。

【单元自测】

1. 如果想将数据修改正确,并更新到数据库中,应该用( )语句。

　　A. SELECT　　　　B. INSERT　　　　C. DELETE　　　　D. UPDATE

2. T-SQL 语句中，(　　)语句用于删除数据表中的记录。

    A. SELECT   B. UPDATE   C. DELETE   D. INSERT

3. 在 SELECT 语句中，(　　)子句将创建一个新表，并插入源表中的被选记录。

    A. FROM   B. INTO   C. WHERE   D. SELECT

4. 如果使用 TRUNCATE TABLE 语句删除数据表中的记录，有可能的结果是(　　)。

    A. 数据表被删除   B. 数据表中的记录和约束都被删除

    C. 数据表中的记录被删除   D. 数据表中一半的数据被删除

5. T-SQL 语言主要由下面哪几个部分组成？(　　)

    A. 数据操纵语言(DML)   B. 数据定义语言(DDL)

    C. 数据控制语言(DCL)   D. 变量说明

【上机实战】

上机目标

- 在 SQL Server 2012 中编写 T-SQL 语句进行查询记录。
- 在 SQL Server 2012 中编写 T-SQL 语句对数据表进行插入、删除和修改记录。

上机练习

◆　第一阶段　◆

练习 1：第一个程序——创建学生信息表

【问题描述】

创建一张学生信息表(StuInfo)，如表 4-4 所示。

表 4-4　学生信息表

列　　名	数 据 类 型	备　　注
编号(StuID)	int	主键，标识列(1，1)
姓名(StuName)	char(10)	非空
性别(StuSex)	bit	非空，默认 1
家庭住址(StuAdd)	varchar(50)	允许空

【问题分析】

本练习主要是如何使用 INSERT 语句向数据表插入数据，并使用 SELECT 语句查看结果。上面是一张学生信息表，现在有学生转校进来成为该班学员，使用 INSERT 语句向数据表插入该学员的信息。

【参考步骤】

(1) 创建数据表(省略)。

(2) 编写 INSERT 语句，向数据表插入记录，由于编号是标识列，所以不能插入值，如下所示。

```
INSERT INTO StuInfo(StuName,StuSex,StuAdd)
VALUES('张三',1,'武汉市')
```

(3) 编写 INSERT 语句，向数据表插入记录，性别使用默认约束，如下所示。

```
INSERT INTO StuInfo(StuName,StuSex,StuAdd)
VALUES('李四',DEFAULT,'北京市')
```

(4) 编写 SELECT 语句，代码如下。

```
SELECT * FROM StuInfo
```

执行结果如图 4-9 所示。

	StuID	StuName	StuSex	StuAdd
1	1	张三	1	武汉市
2	2	李四	1	北京市

图 4-9　SELECT 语句执行结果

练习 2：第二个程序——删除某学员信息

【问题描述】

如果该班有学员转班，应该在该班的学生信息表中删除该学员的信息。

【问题分析】

通过本练习，我们应该掌握 DELETE 语句的使用方法，以及如何通过 DELETE 语句实现删除数据表中的数据。

【参考步骤】

(1) 打开 SQL Server Management Studio 界面，如图 4-10 所示。

(2) 单击左上角的"新建查询"按钮，打开查询分析器。

(3) 编写 DELETE 语句删除转班的学员信息，代码如下。

```
DELETE FROM StuInfo    WHERE StuID=2
```

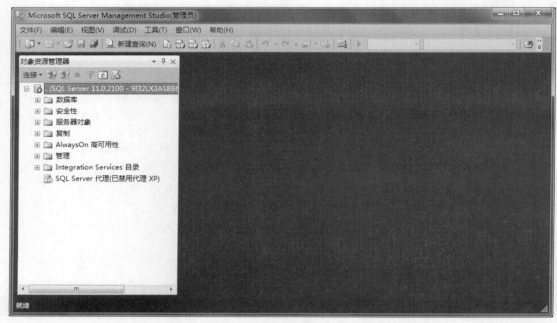

图 4-10　SQL Server Management Studio 界面

执行结果如图 4-11 所示。

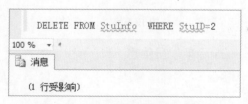

图 4-11　DELETE 语句执行结果

◆ 第二阶段 ◆

练习 3：第三个程序——生成新的学生信息表

【问题描述】

现在想在学生信息表的基础上备份学生姓名和学生地址，并形成一张表名是 StuAdd

的新数据表。

【问题分析】

- 选择要备份的列。

- 确定源表和备份表 StuAdd。

- 向备份表中插入数据。

- 如果 StuAdd 表不存在，则使用 SELECT…INTO…语句。

- 如果 StuAdd 表已经存在，则使用 INSERT INTO… SELECT…语句。

练习 4：第四个程序——删除所有学员记录

【问题描述】

如果本班学员全部顺利毕业，要删除数据表中所有学员的记录。

【问题分析】

使用 TRUNCATE TABLE 语句删除数据表中的所有数据。

【拓展作业】

1. 新建一张职工信息表，里面的字段有职工号、职工姓名、职工性别、职工等级、职工联系电话和职工家庭住址。其中，职工等级默认是 1(新进员工)，职工联系电话和职工家庭住址可以为空。插入测试数据后，完成以下几个功能：①职工信息备份(职工姓名、职工联系电话和职工家庭住址)；②插入新进员工记录；③删除退休职工记录。

2. 新建一张职工工资表，里面的字段有职工号、职工工资和职工岗位奖金。在职工工资表里创建外键约束，与职工信息表建立关系。如果职工信息表里没有数据，可以向职工工资表里插入记录吗？

应用 T-SQL 查询数据

课程目标

▶ 理解什么是数据查询。

▶ 理解数据查询的必要性。

▶ 掌握如何使用查询。

▶ 掌握如何进行模糊查询。

 **简介**

在上一单元中，我们已经学习了最基本的查询，而且也提到过，查询语句是数据库开发中使用最为频繁的语句之一。从本单元开始，我们将更加深入和详细地学习查询语句。

所谓查询(Query)，就是对存储于 SQL Server 2012 中的数据的请求。

查询分为两大类：一类是用于数据检索的选择查询(Select Query)，另一类是用于数据更新的行为查询(Action Query)。

在 SQL Server 中，可以通过 SELECT 语句来实现选择查询，即从数据库表中检索所需要的数据。在本单元中专门讲述 SELECT 语句的使用方法，首先对这个语句的基本语法格式和执行方式做一个简要的介绍，然后对其中包含的各个子句分别进行讨论。

5.1　数据查询概述

在任何一种 SQL 语言中，SELECT 语句都是一个使用频率最高的查询语言。在 SQL Server 2012 中，SELECT 语句是一个最基本和最重要的语句，其功能是执行一个选择查询，查询的数据源可以是一个或多个表或视图,查询的结果是由若干行记录组成的一个记录集，并允许选择一个或多个字段作为输出字段。此外，SELECT 语句还有其他一些用途，如对记录进行排序、对字段进行汇总计算，以及用检索到的记录创建新表等。

SQL 查询包括选择列表、FROM 子句和 WHERE 子句。它们分别说明所查询列、查询的表或视图和搜索条件等。

从本节开始，我们将用大量的实例来讲述 SELECT 语句的应用。首先从最简单也是最常用的单表查询开始。

在本单元的学习中，仍然使用前面用到的学生信息表和学生成绩表。但是，在学生成绩表中，因为每个学员考试的科目很多，需要将考试的科目体现在表中。于是，根据需要将表的结构改成如表 5-1 和表 5-2 所示的内容，并在其中添加相应的数据。

表 5-1　学生信息表(StuInfo)

列　　名	数 据 类 型	备　　注
StuID	int	学号
StuName	varchar(30)	姓名
StuSex	char(2)	性别

表 5-2　学生成绩表(StuMarks)

列　　名	数　据　类　型	备　　注
ExamNO	int	编号
StuID	int	学号
Subject	varchar(30)	科目
Score	int	分数

5.2　使用字段列表指定输出字段

在设计选择查询时，需要在 SELECT 子句中给出若干字段列表，列举出要在查询结果中输出的字段。

5.2.1　选取全部字段

若要从一个数据库表中选取全部字段作为SELECT 查询的输出字段，在 SELECT 子句中使用一个*符号就可以了，此时还必须用 FROM 子句来指定作为查询的数据源(表或视图等)。

5.2.2　选取部分字段

若要从一个数据库表中选择部分字段作为SELECT 查询的输出字段，可以在 SELECT 子句中给出包含所选取字段的一个列表，各个字段之间用逗号分隔，字段的顺序可以根据需要任意指定。查询结果集合中数据的排列顺序与选择列表中所指定的列名排列顺序相同。

关于"选取全部字段"与"选取部分字段"这两小节的内容在上一单元已经做过详细讲解，在此不做赘述。

5.2.3　设置字段别名

显示选择查询的结果时，表头(第一行)中显示的是各个输出字段的名称。为了方便和实际需要，可以指定更容易理解的字段名来取代原来的字段名。语法格式如下所示。

- 原字段名 AS 字段别名。
- 字段别名＝原字段名。
- 原字段名　字段别名。

例如，将 StuInfo 表中的数据显示出来，结果如图 5-1 所示。

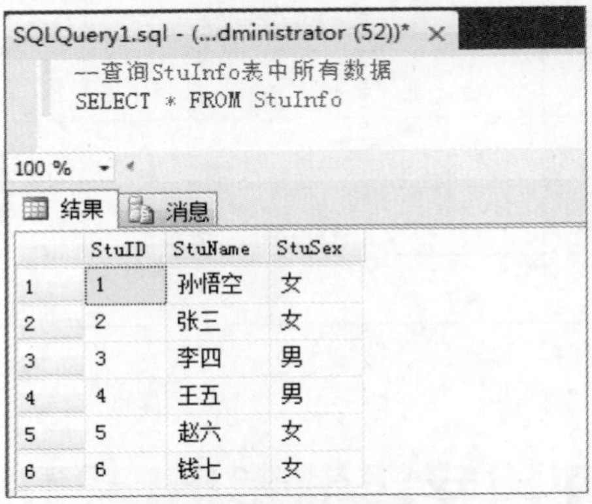

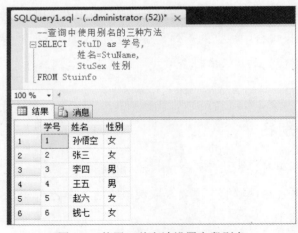

图 5-1　StuInfo 表数据查询结果

由图 5-1 可以看到查询出的数据列表的列名是英文的名字，对于熟悉数据库结构的人来说，能够清楚它们分别表示什么，但是对不熟悉数据库结构的人来说，根本就不明白这些数据表示的是什么。为了让查询的结果更容易表达它们所表达的意思，在查询的时候通常给这些列取一个临时的别名。

下面就使用上述的三种方式分别给这三个列取别名，如下所示。

```
SELECT   StuID as 学号,
         姓名=StuName,
         StuSex  性别
FROM StuInfo
```

效果如图 5-2 所示。

图 5-2　使用三种方法设置字段别名

5.2.4　字段的计算

在实际的项目开发中会频繁地用到字段的别名，这是为了满足实际应用中客户的需要。而使用一个或多个字段进行计算之后的结果，同样是查询语句中必不可少的。例如，用户需要用这样的格式查看数据"性别-学员姓名"。那么，如何使用查询语句来实现呢？查询语句代码如下。

```
--查看数据"性别-学员姓名"
SELECT StuSex + '-' + StuName as '性别-学员姓名'
FROM StuInfo
```

查询结果如图 5-3 所示。

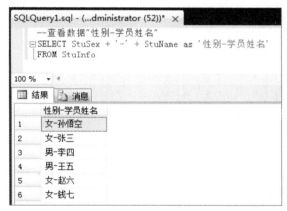

图 5-3　查看格式为"性别-学员姓名"的数据

5.3　使用选择关键字限制记录行数

虽然 SELECT 子句的主要作用是选取输出字段，但在实际的项目中，数据量不是书中的几条或几十条数据，一般企业级的应用都在千万条以上，大量的数据处理和大量数据的网络传输会影响工作的效率。因此，在实际的程序开发中，需要控制查询所返回的记录行数，以提高数据库处理数据的效率。

5.3.1　使用 ALL 关键字返回全部记录

在前面的单元中，我们已经学会了使用简单的 SELECT 语句，由查询的结果来看，如果没有在 SQL 语句中使用 WHERE 子句，那么会查询出相应表中的所有数据。这种情况是默认使用了 ALL 关键字的情况。

如果在 SELECT 语句中没有使用任何关键字，则默认使用 ALL 关键字。在这种情况下，选择查询将返回符合条件的全部记录，而且允许在查询结果中包含重复记录，一般情况下不写。编写代码如下所示。

```
--ALL 关键字
SELECT ALL StuID, StuName, StuSex FROM StuInfo
```

运行结果如图 5-4 所示。

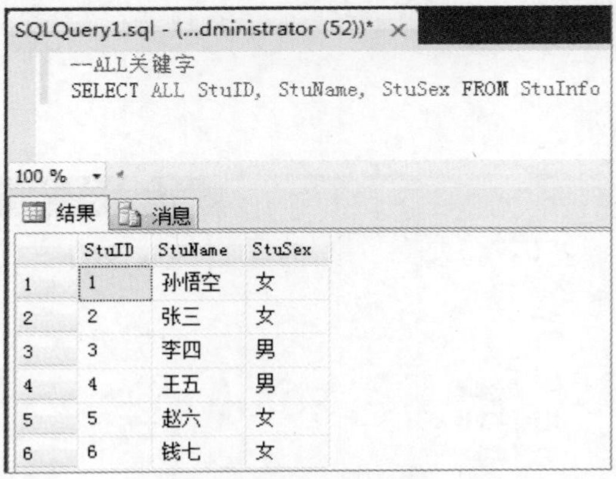

图 5-4　ALL 关键字

5.3.2　使用 DISTINCT 关键字过滤重复记录

使用 SELECT 子句从一个数据库中选取部分字段作为查询的输出字段之后，就有可能在查询结果中出现重复记录。例如，只选取姓名字段，那么在一个学校的几十个班级中，存在同名同姓的学员是很正常的事情。在字段列表前面加上选择关键字 DISTINCT，就可以消除查询结果中的重复记录。

例如，现在需要知道有哪些学员参加了考试。

分析：在学生成绩表中查询有多少个不同的学号。使用下面的查询语句进行查询。

```
SELECT StuID FROM StuMarks
```

运行结果如图 5-5 所示。

从图 5-5 中可以清楚地看到，出现了大量重复的数据，因为每个学员都参加了几门课的考试，而这几门课只要是同一个学生参加的考试，都会显示相同的 StuID。这时根据需要，相同的学号只需要显示 1 次。于是，应该使用 DISTINCT 关键字，消除查询结果中的重复记录，代码如下所示。

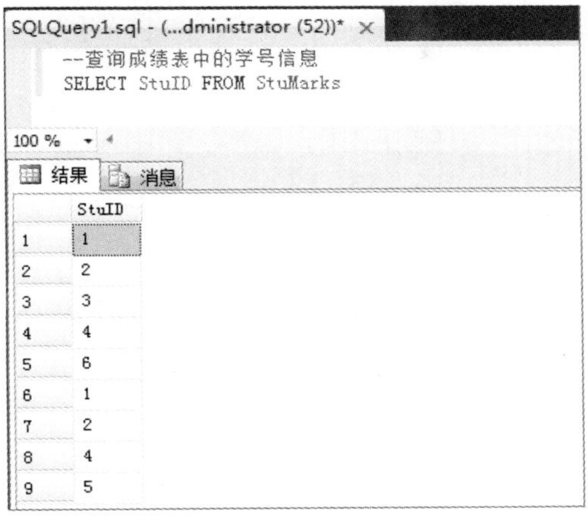

图 5-5 查询结果

SELECT DISTINCT StuID FROM StuMarks

查询结果如图 5-6 所示。

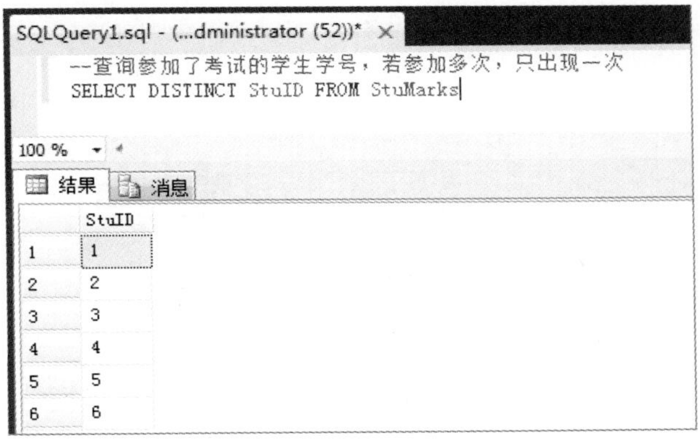

图 5-6 DISTINCT 关键字

5.3.3 使用 TOP 关键字仅显示前面若干条记录

在本节开始时提到过,在实际的应用中,企业级应用的数据量都非常大,至少都是千万条数据以上,这么大的数据量,就要求每个程序设计人员尽量使用较少的资源实现应有的功能。

在使用 SELECT 子句选取输出字段时,如果只需要用到所选的前 n 条记录,那么可以在字段列表前面使用 TOP n,则在查询结果中输出前面 n 条记录,这样可以节省服务器资源,使服务器运算效率更高。如果在字段列表前面使用TOP n PERCENT,则在查询结果中显示前面占总记录数的 n% 的记录。

例：分别取出 StuInfo 表中的前 4 条记录和前 40%的记录。

```
--TOP n
SELECT TOP 4 * FROM StuInfo
```

运行结果如图 5-7 所示。

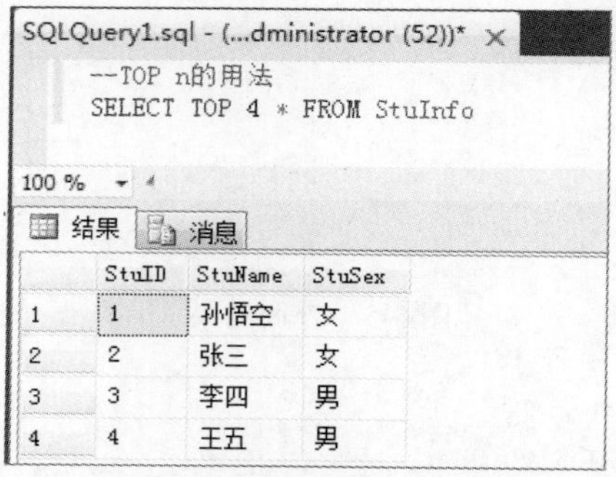

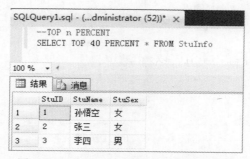

图 5-7　取出 StuInfo 表中的前 4 条记录

```
--TOP n PERCENT
SELECT TOP 40 PERCENT * FROM StuInfo
```

运行结果如图 5-8 所示。

图 5-8　取出 StuInfo 表中的前 40%条记录

5.4　对查询记录的选择与处理

用户在查询数据库时，往往并不需要了解全部信息，而只需要其中一部分满足用户需求的信息，同时用户还希望对这些记录进行相应的处理，如排序、分组、汇总等。

5.4.1 对查询结果筛选

使用 WHERE 子句

用户在筛选记录时，需要在 SELECT 语句中加入条件，以选择数据行，这时就要用到 WHERE 子句。WHERE 子句可包括以下几种条件运算符。

(1) 比较运算符(大小比较，包括>、>=、=、<、<=、<>、!>、!<)。

例：查询 StuInfo 表中所有男生的信息。

```
--查询 StuInfo 表中所有男生的信息
SELECT * FROM StuInfo WHERE StuSex = '男'
```

运行结果如图 5-9 所示。

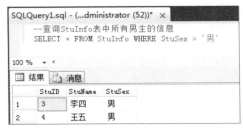

图 5-9 查询 StuInfo 表中所有男生的信息

例：查询 StuInfo 表中除"王五"以外的所有的学员信息。

```
--查询 StuInfo 表中除"王五"以外的所有学员信息
SELECT * FROM StuInfo WHERE StuName <> '王五'
```
运行结果如图 5-10 所示。

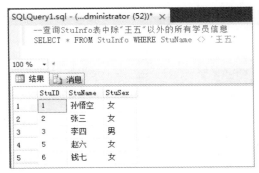

图 5-10 查询 StuInfo 表中除"王五"以外的所有学员信息

(2) 范围运算符(表达式值是否在指定的范围)。

● BETWEEN…AND…

- NOT BETWEEN…AND…

例：查询 StuInfo 表中，学号在 2～4 之间的学员信息。

```
--查询学号在2～4之间的学员信息
SELECT * FROM StuInfo WHERE StuID BETWEEN 2 AND 4
```

运行结果如图 5-11 所示。

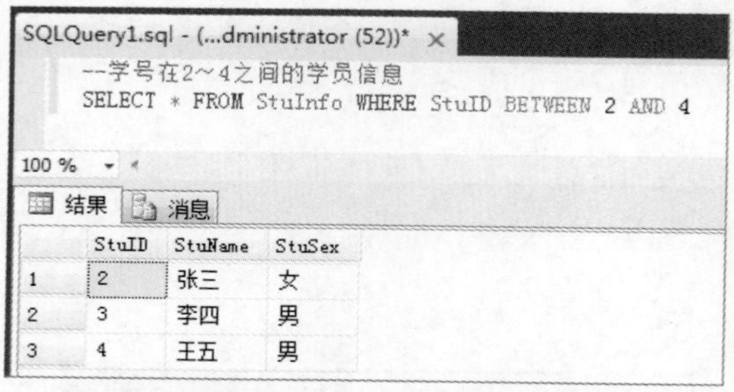

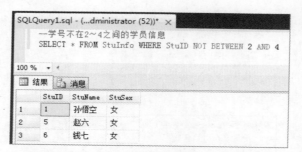

图 5-11　查询学号在 2～4 之间的学员信息

例：查询 StuInfo 表中，学号不在 2～4 之间的学员信息。

```
--查询学号不在2～4之间的学员信息
SELECT * FROM StuInfo WHERE StuID NOT BETWEEN 2 AND 4
```

运行结果如图 5-12 所示。

图 5-12　查询学号不在 2～4 之间的学员信息

(3) 列表运算符(判断表达式是否为列表中的指定项)。

- IN(项 1,项 2…)

IN 关键字可以选择与列表中的任意值匹配的行。

- NOT IN(项 1,项 2…)

例：查询 StuInfo 表中，学号为 1、3、5 的学员信息。

```
--查询 StuInfo 表中，学号为 1、3、5 的学员信息
SELECT * FROM StuInfo WHERE StuID IN (1, 3, 5)
```

运行结果如图 5-13 所示。

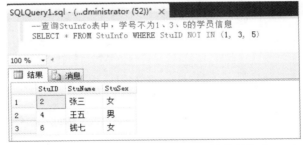

图 5-13 查询学号为 1、3、5 的学员信息

例：查询 StuInfo 表中，学号不为 1、3、5 的学员信息。

```
--查询 StuInfo 表中，学号不为 1、3、5 的学员信息
SELECT * FROM StuInfo WHERE StuID NOT IN (1, 3, 5)
```

运行结果如图 5-14 所示。

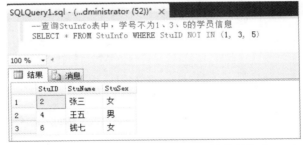

图 5-14 查询学号不为 1、3、5 的学员信息

(4) 空值判断符(判断表达式是否为空)。

● IS NULL

● IS NOT NULL

(5) 逻辑运算符(用于多条件的逻辑连接)。

● NOT

● AND

● OR

例：查询 StuMarks 表中，学号为 1 的学员的数学成绩。

```
--查询 StuMarks 表中，学号为 1 的学员的数学成绩
SELECT * FROM StuMarks WHERE StuID = 1 and Subject = '数学'
```

运行结果如图 5-15 所示。

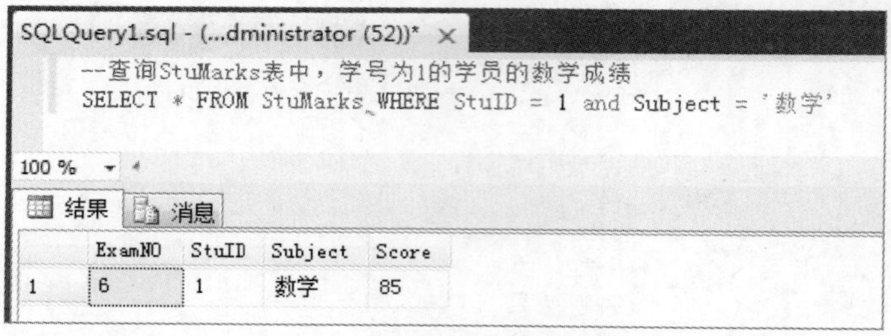

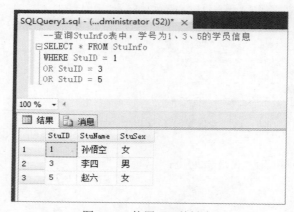

图 5-15　使用 AND 关键字

例：查询 StuInfo 表中，学号为 1、3、5 的学员信息。

```
--查询 StuInfo 表中，学号为 1、3、5 的学员信息
SELECT * FROM StuInfo
WHERE StuID = 1
OR StuID = 3
OR StuID = 5
```

运行结果如图 5-16 所示。

图 5-16　使用 OR 关键字

(6) 模式匹配符(判断值是否与指定的字符通配格式相符)。

- LIKE

- NOT LIKE

LIKE 关键字搜索与指定模式匹配的字符串、日期或时间值。匹配方式可包含如表 5-3 所示的 4 种通配符的任意组合。

表 5-3　LIKE 关键字之通配符的含义

通 配 符	含 义
%	包含零个或更多字符的任意字符串
−	任何单个字符
[ ]	指定范围(如[a-f])或集合(如[abcdef]或[1,3,5,7])内的任何单个字符
[^]	不在指定范围(如[^a - f])或集合(如[^abcdef])内的任何单个字符

在使用时，通配符和字符串要用单引号引起来，如下。

● LIKE 'Mc%' 将搜索以字母 Mc 开头的所有字符串(如 McBadden)。

● LIKE '%inger' 将搜索以字母 inger 结尾的所有字符串(如 Ringer 或 Stinger)。

● LIKE '%en%' 将搜索任意位置包含字母 en 的所有字符串(如 Bennet、Green 和 McBadden)。

● LIKE '_heryl'将搜索以字母 heryl 结尾的所有 6 个字母的字符串(如 Cheryl 和 Sheryl)。

● LIKE '[CK]ars[eo]n'将搜索第一个字母是 C 或 K，接下来是 ars，第五个字母是 e 或 o，第 6 个字母是 n 的单词(如 Carsen、Karsen、Carson 或 Karson)。

● LIKE '[M～Z]inger'将搜索以字母 inger 结尾，以 M~Z 中的任何单个字母开头的所有字符串(如 Ringer)。

● LIKE'M[^C]%'将搜索以字母 M 开头，并且第二个字母不是 C 的所有字符串(如 MacFeather)。

例：查询 StuMarks 表中考试科目名称带有字母"数"的科目名称，并消除重复数据。

```
--查询 StuMarks 表中考试科目名称带有字母"数"的科目名称，并消除重复数据
SELECT DISTINCT Subject FROM StuMarks
WHERE Subject LIKE '%数%'
```

运行结果如图 5-17 所示。

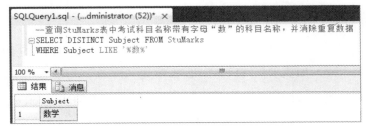

图 5-17　使用 LIKE 模糊查询

5.4.2 对查询结果排序

1. 使用 ORDER BY 子句

当用户要对查询结果进行排序时，就需要在 SELECT 语句中加 ORDER BY 子句。在 ORDER BY 子句中可以使用一个或多个排序要求，优先级次序从左到右。

排序的方向可以是升序或降序。ASC 和 DESC 用于指定排序方向。ASC 指定按递增顺序，DESC 则按递减顺序，默认的排序方向为递增顺序。空值(NULL)将被处理为最小值。

例：查询 StuMarks 表中的"语文"成绩，并按照降序排列。

```
--查询 StuMarks 表中"语文"成绩，并按照降序排列
SELECT * FROM StuMarks WHERE Subject = '语文'
ORDER BY Score DESC
```

运行结果如图 5-18 所示。

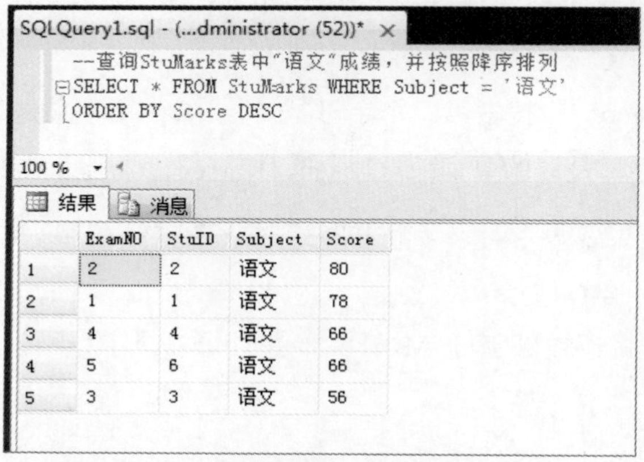

图 5-18　使用 ORDER BY 子句进行排序

2. 使用 ORDER BY 子句对多列进行排序

请仔细查看上述查询的结果，可以清楚地看到，查询的结果确实是按照语文成绩的降序来排列的，当分数相同时怎么办呢？例如，学号为 2 和学号为 5 的学员的成绩都为 81 分的情况。分数相同的时候，数据怎么排列是无法由上述的语句来确定的。

当这种情况出现但对实际具体的应用没有大的影响时，可以不考虑如何处理，但如果对顺序有更高的要求时，如要求查询 StuMarks 表中的"语文"成绩，并按照降序排列，如遇到成绩相同的则按照学号的降序排列。这时候就需要用到 ORDER BY 对多列进行排序，编写代码如下。

--查询 StuMarks 表中"语文"成绩，并按照降序排列

--成绩相同的按照学号的降序排列

SELECT * FROM StuMarks WHERE Subject = '语文'

ORDER BY Score DESC, StuID DESC

运行结果如图 5-19 所示。

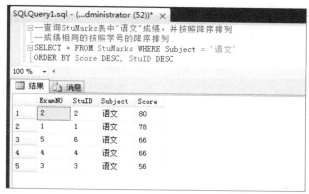

图 5-19　使用 ORDER BY 子句进行多列排序

3. ORDER BY 子句与 TOP 关键字一起使用

用户可通过 ORDER BY 子句与 TOP 关键字搭配使用，选取排序之后查询结果中前若干行或前百分比的数据。

例：查询 StuMarks 表中"数学"成绩前三名的数据。

--查询 StuMarks 表中"数学"成绩前三名的数据

SELECT TOP 3 * FROM StuMarks

WHERE Subject ='数学'

ORDER BY Score DESC

运行结果如图 5-20 所示。

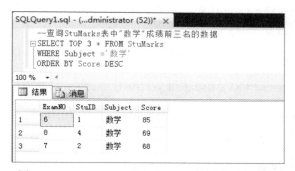

图 5-20　ORDER BY 子句与 TOP 关键字一起使用

【单元小结】

- 所谓查询(Query)，就是对存储于 SQL Server 2012 中的数据的请求。查询分为两大类：一类是用于数据检索的选择查询(Select Query)，另一类是用于数据更新的行为查询(Action Query)。

- 若要从一个数据库表中选取全部字段作为 SELECT 查询的输出字段，在 SELECT 子句中使用一个*符号就可以了。

- 可以在 SELECT 子句中给出包含所选取字段的一个列表，各个字段之间用逗号分隔，字段的顺序可以根据需要任意指定。查询结果集合中数据的排列顺序与选择列表中所指定的列名排列顺序相同。

- 在字段列表前面加上选择关键字 DISTINCT，可以消除查询结果中的重复记录。

- 用户在筛选记录时，需要在 SELECT 语句中加入条件，以选择数据行，这时就要用到 WHERE 子句。

- 当用户要对查询结果进行排序时，就需要在 SELECT 语句中加 ORDER BY 子句。

【单元自测】

1. 以下(   )语句从表 TABLE_NAME 中提取前 10 条记录。

    A. SELECT * FROM TABLE_NAME WHERE rowcount=10

    B. SELECT TOP 10 * FROM TABLE_NAME

    C. SELECT TOP of 10 * FROM TABLE_NAME

    D. SELECT * FROM TABLE_NAME WHERE rowcount<=10

2. 查找 student 表中所有电话号码(列名：telephone)的第一位为 8 或 6，第三位为 0 的电话号码(   )。

    A. SELECT telephone FROM student WHERE telephone LIKE '[8,6]%0*'

    B. SELECT telephone FROM student WHERE telephone LIKE '(8,6)*0%'

    C. SELECT telephone FROM student WHERE telephone LIKE '[8,6]_0%'

    D. SELECT telephone FROM student WHERE telephone LIKE '[8,6]_0*'

3. 现有表 employee，字段：id(int)，firstname(varchar)，lastname(varchar)，以下 SQL 语句错误的是(   )。

    A. SELECT firstname+'.'+lastname AS 'name' FROM employee

    B. SELECT firstname+'.'+lastname='name' FROM employee

C.　SELECT 'name'=firstname+'.'+lastname FROM employee

D.　SELECT firstname,lastname FROM employee

4. 现有书目表 book，包含字段：price(float)，现在查询一条书价最高的书目的详细信息，以下语句正确的是(　　)。

A.　SELECT TOP 1 * FROM book ORDER BY price asc

B.　SELECT TOP 1 * FROM book ORDER BY price desc

C.　SELECT TOP 1 * FROM book WHERE price= (SELECT max (price)FROM book)

D.　SELECT TOP 1 * FROM book WHERE price= max(price)

5. 现有书目表 book，包含字段：price(float)，现在查询对所有书籍打 8 折后的价格信息，以下语句正确的是(　　)。

A.　SELECT price FROM book

B.　SELECT price+'8 折' FROM book

C.　SELECT price*0.8 FROM book

D.　SELECT price/8 FROM book

【上机实战】

上机目标

使用 SELECT 语句查询指定表中的信息。

上机练习

◆　第一阶段　◆

练习 1：第一个程序

【问题描述】

编写一个SQL查询语句，查询 Students 数据库中 StuMarks 表中 ExamNO、StuID 和 Score 三个字段的记录，并要求这三个字段名使用中文别名显示。

【问题分析】

本练习主要是练习最基本的SELECT 语句——查询表中的数据，获取所需要字段的信息，以及如何为字段取别名。

【参考步骤】

(1) 新建一个查询，单击"新建查询"按钮 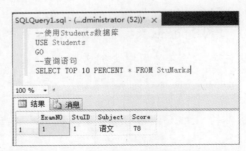 新建查询(N)。

(2) 编写如下代码。

```
--使用 Students 数据库
USE Students
GO
--查询语句
SELECT ExamNO AS '成绩编号',StuID AS '学号',Score AS '成绩' FROM StuMarks
```

(3) 执行 SQL 语句。

选中要执行的 SQL 语句，单击 执行(X) 按钮或者直接按键盘上的 F5 键运行。

练习 2：第二个程序

【问题描述】

编写一个 SQL 查询语句，查询 Students 数据库中 StuMarks 表中前 10%的记录。

【问题分析】

本练习主要是练习基本查询语句——如何过滤行记录。

【参考步骤】

同练习 1。

```
--使用 Students 数据库
USE Students
GO
--查询语句
SELECT TOP 10 PERCENT * FROM StuMarks
```

运行结果如图 5-21 所示。

图 5-21　查询"Students"数据库中"StuMarks"表中前 10%的记录

◆　第二阶段　◆

练习3：第三个程序

【问题描述】

编写一个 SQL 查询语句，查询 Students 数据库 StuInfo 表中，字段 StuName 中含有"五"的所有记录。

【问题分析】

- 使用 WHERE 子句之 LIKE 关键字。
- 分析模糊查询的条件。
- 书写查询语句。
- 运行检查结果。

 提示

　　使用通配符"%"和"[]"。

【拓展作业】

1. 编写一个SQL查询语句，查询Students数据库StuMarks表中，成绩在50～70之间的学号和成绩。

2. 编写一个 SQL 查询语句，查询 Students 数据库 StuMarks 表中，成绩列于前 5 位的学号和成绩。

3. 编写一个SQL 查询语句，新建一个学生表，要求和 Students 数据库中 StuInfo 表的结构一致。

单元 **六**

分组查询和连接查询

课程目标

▶ 掌握在查询中使用聚合函数。

▶ 掌握如何进行分组查询。

▶ 掌握如何使用多表查询。

▶ 了解综合运用查询获取数据。

 **简 介**

连接查询是关系数据库中最主要的查询，主要包括内连接、外连接和交叉连接等。通过连接运算符可以实现多个表查询。连接是关系数据库模型的主要特点，也是它区别于其他类型数据库管理系统的一个标志。在关系数据库管理系统中，建立表时各数据之间的关系不必确定，常常把一个实体的所有信息存放在一个表中。当检索数据时，通过连接操作查询存放在多个表中的不同实体的信息。连接操作给用户带来很大的灵活性，用户可以在任何时候增加新的数据类型。为不同实体创建新的表，然后通过连接进行查询。

6.1 聚合函数与分组查询

在实际的程序应用中，仅仅只是表中的数据是很难为使用者提供足够的信息的。通常，软件的使用者希望能够更方便地通过保存的数据获取更有用的信息。例如，获取公司的总利润和获取考试的平均成绩等。这时就需要程序设计人员将这些需求考虑完善，并用程序实现。其实，这些要求能够很方便地通过查询语句来实现。

6.1.1 聚合函数

在 SQL 中提供了一系列函数，其功能可将多个行的数据进行计算，而得出新的数据，因此称为聚合函数。

SQL 中提供的聚合函数可以用来统计、求和、求最大值及最小值等。

- COUNT：统计行数量
- SUM：获取单个列的合计值
- AVG：计算某个列的平均值
- MAX：计算列的最大值
- MIN：计算列的最小值

1. 使用 SUM()函数计算字段的累加和

SUM()函数用于统计数值型字段的总和，它只能用于数值型字段，而且 NULL 值将被忽略。

例：查询语文考试成绩的总和。

--查询语文考试成绩的总和

```
SELECT SUM(Score) AS 语文总和
FROM StuMarks WHERE Subject = '语文'
```

运行结果如图 6-1 所示。

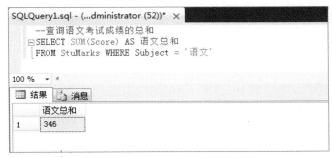

图 6-1　查询语文考试成绩的总和

2. 使用 AVG() 函数计算字段的平均值

AVG() 函数用于计算一个数值型字段的平均值，该字段中的 NULL 值在计算过程中将被忽略。

例：查询数学考试成绩的平均分。

```
--查询数学考试成绩的平均分
SELECT AVG(Score) as 数学平均分
FROM StuMarks WHERE Subject = '数学'
```

运行结果如图 6-2 所示。

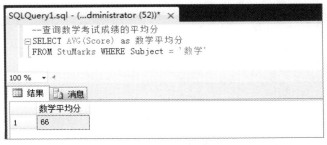

图 6-2　查询数学考试成绩的平均分

3. 使用 MAX() 和 MIN() 函数计算字段的最大值和最小值

MAX() 函数用于返回表达式中的最大值，MIN() 函数则用于返回表达式中的最小值，计算过程中遇到 NULL 值时予以忽略。

例：查询 StuMarks 表中，所有成绩中的最高分和最低分。

--查询 StuMarks 表中，所有成绩中的最高分和最低分
SELECT MAX(Score) AS 最高分, MIN(Score) AS 最低分
FROM StuMarks

运行结果如图 6-3 所示。

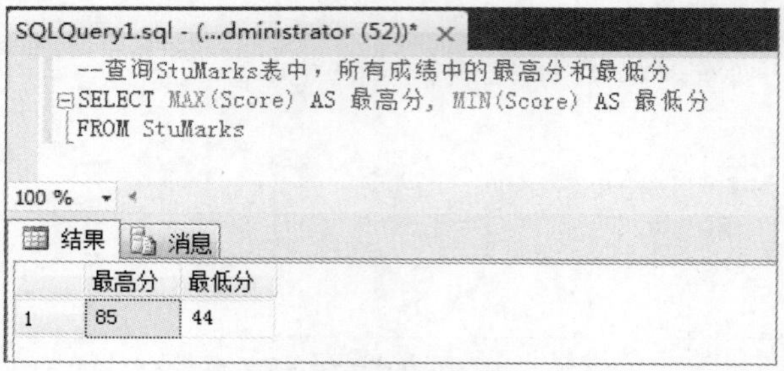

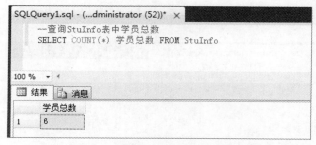

图 6-3 查询最高分和最低分

4. 使用 COUNT()函数统计记录行数

COUNT()函数用于统计字段中选取的项数或查询输出记录行数。

例：查询 StuInfo 表中学员总数。

--查询 StuInfo 表中学员总数
SELECT COUNT(*) 学员总数 FROM StuInfo

运行结果如图 6-4 所示。

图 6-4 查询 StuInfo 表中学员总数

例：查询 StuMarks 表中保存了多少个科目的考试成绩。

分析：在StuMarks表中一共有两个科目，而数据有很多条，则在对数据使用 COUNT() 函数进行计算时，仅仅只能对科目列(Subject)进行计算，而科目又有大量的重复，因此必须使用前面学习过的 DISTINCT 将重复的条目消除。

由此，得到如下所示的 SQL 语句。

--查询 StuMarks 表中保存了多少个科目的考试成绩
SELECT COUNT(DISTINCT Subject) 科目数量 FROM StuMarks

运行结果如图 6-5 所示。

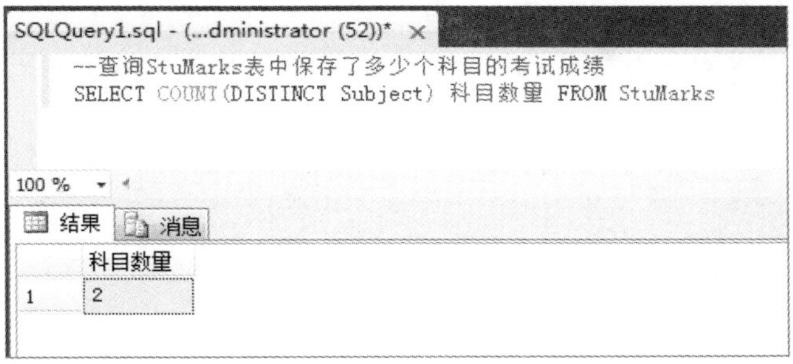

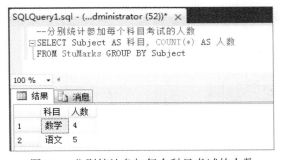

图 6-5 查询 StuMarks 表中科目的数量

6.1.2 对查询结果分组

1. 使用 GROUP BY 子句

GROUP BY 子句指定将结果集内的记录分成若干个组来输出，每个组中的记录在指定的字段中具有相同的值。在一个查询语句中，可以使用任意多个字段对结果集内的记录进行分组，字段列表中的每个输出字段必须在 GROUP BY 子句中出现或者用在某个聚合函数中。使用 GROUP BY 子句时，如果在 SELECT 子句的字段列表中包含有聚合函数，则针对每个组计算出一个汇总值，从而实现对查询结果的分组统计。

例： 分别统计参加每个科目考试的人数。

```
--分别统计参加每个科目考试的人数
SELECT Subject AS 科目, COUNT(*) AS 人数
FROM StuMarks GROUP BY Subject
```

运行结果如图 6-6 所示。

图 6-6 分别统计参加每个科目考试的人数

注意

当指定 GROUP BY 时，字段列表中任一非聚合表达式内的所有字段都应包含在 GROUP BY 列表中，或者 GROUP BY 表达式必须与字段列表表达式完全匹配。

 注意

分组表达式是执行分组时所依据的一个表达式，通常是一个字段名。在字段列表中指定的字段别名不能作为分组表达式来使用。另外，text、ntext、image 以及 bit 数据类型的字段也不能在分组表达式中。

2. 使用 HAVING 子句

HAVING 子句用于指定组或聚合的搜索条件，该子句通常与 GROUP BY 子句一起使用。如果不使用 GROUP BY 子句，则 HAVING 子句的行为与 WHERE 子句一样。所不同的是，WHERE 子句搜索条件在进行分组操作之前应用，而 HAVING 搜索条件在进行分组操作之后应用。HAVING 语法与 WHERE 语法类似，但 HAVING 子句可以包含聚合函数。HAVING 子句可以引用字段列表中出现的任意项，WHERE 是对原始数据进行条件筛选，而 HAVING 是对运算聚合后的数据进行条件筛选。

例：统计平均分大于 67 分的科目。

首先，统计出每个科目的平均分，如图 6-7 所示。

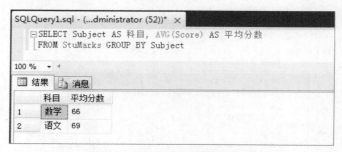

图 6-7　统计每个科目的平均分

然后，统计平均分大于 67 分的科目，编写代码如下所示。

```
--统计平均分大于 67 分的科目
SELECT Subject AS 科目, AVG(Score) AS 平均分数
FROM StuMarks GROUP BY Subject
HAVING AVG(Score) > 67
```

运行结果如图 6-8 所示。

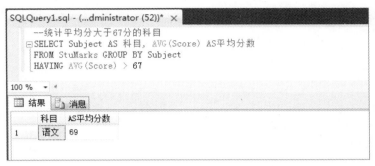

图 6-8　统计平均分大于 67 分的科目

6.2　内部连接查询

数据库中的各个表中存放着不同的数据，用户往往需要用多个表中的数据来组合提炼出所需要的信息。如果一个查询需要对多个表进行操作，这个查询就称为连接查询。连接查询的结果集或结果表，称为表之间的连接。连接查询实际上是通过各个表之间共同列的关联性来查询数据的，它是关系数据库查询最主要的特征。

简而言之，需要经常处理的并不仅仅只有一个表，尤其是在高规范化的数据库中。数据库的规范化是指将数据从较大的表分割成几个较小的表，目的是减少重复的数据，节省空间，提高数据库性能，并增加数据的完整性。对于关系数据库，数据库规范化非常重要，这意味着需要从各个地方获得数据。

 注意

数据库的规范化不在本书的讲解范围之内，我们将在后面的课程中学习到。

6.2.1　内部连接基本语法

内部连接是连接类型中最普通的一种。与大多数连接一样，内部连接根据一个或几个相同的字段将记录匹配在一起，但是内部连接仅仅返回那些存在字段匹配的记录。使用内部连接时，如果两个来源表的相关字段满足连接条件，则从这两个表中提取数据并组合成新的记录。内部连接可以通过在FROM 子句中使用 INNER JOIN 运算来实现，语法格式如下所示。

SELECT 字段列表 FROM 表 1 INNER JOIN 表 2 ON 条件表达式

其中，"表 1"和"表 2"为要从其中组合记录的表名称；<条件表达式>用于指定两个表的连接条件，由两个表中的字段名称和关系比较运算符组成。

例：将 StuInfo 表与 StuMarks 表连接起来，显示学员信息与其对应的学员成绩。

--显示学员信息与其对应的学员成绩
SELECT * FROM StuInfo INNER JOIN StuMarks
ON StuInfo.StuID = StuMarks.StuID

运行结果如图 6-9 所示。

SQLQuery1.sql - (...dministrator (52))* ×

```
  --显示学员信息与其对应的学员成绩
□SELECT * FROM StuInfo INNER JOIN StuMarks
  ON StuInfo.StuID = StuMarks.StuID
```

100 % ▾ ◂

▦ 结果 | 消息

	StuID	StuName	StuSex	ExamNO	StuID	Subject	Score
1	1	孙悟空	女	1	1	语文	78
2	2	张三	女	2	2	语文	80
3	3	李四	男	3	3	语文	56
4	4	王五	男	4	4	语文	66
5	6	钱七	女	5	6	语文	66
6	1	孙悟空	女	6	1	数学	85
7	2	张三	女	7	2	数学	68
8	4	王五	男	8	4	数学	69
9	5	赵六	女	9	5	数学	44

图 6-9　使用内连接

 注意

由于返回的结果太多，本书篇幅所限无法打印。但从代码以及图 6-9 中可以看出以下两个需要注意的地方。

- 在两个表中都有 StuID 这个列，在同一个 SQL 语句中如何区分呢？使用"表名.列名"来准确地描述当前这个列来自哪个表。

- 从图 6-9 中可以看到，返回的结果集中有两个 StuID 列，不清楚两个 StuID 分别来自哪个表。

在上述的例子中，出现两个 StuID 并不是很大的问题，因为知道两个 StuID 虽然来自不同的表，但彼此完全相同。这是怎么知道的呢？想想看，既然在两列中执行内连接，它们就必须匹配，否则记录不能被返回！但不要养成这个习惯。因为在其他的连接中，记录匹配并不依据连接值相等。

由上述代码也可以看到，使用*运算符返回所有的列。在前面也提到过，在连接语句中使用"*"运算符是一个不好的习惯。编写代码可能快速简单，但是容易出错，并降低系统的健壮性。

由于每一个返回的额外记录或列都要占用额外的网络带宽，并且额外的查询要在 SQL Server 服务器上运行。选择不必要的信息不仅降低了当前用户的性能，还影响了系统的每一个用户以及 SQL Server 所在的网络用户。

因此，选择数据的原则是只选择要使用的列，并使用 WHERE 子句来尽可能约束返回列。

6.2.2　带条件的内部连接

下面再来看一个例子，查询考试分数大于或等于 75 分的学员信息并显示相关科目和分数，编写代码如下所示。

```
--查询考试分数大于或等于75分的学员信息并显示相关科目和分数
SELECT StuInfo.StuID, StuInfo.StuName, StuInfo.StuSex,
StuMarks.Subject, StuMarks.Score
FROM StuInfo INNER JOIN StuMarks
ON StuInfo.StuID = StuMarks.StuID
WHERE StuMarks.Score >= 75
```

运行结果如图 6-10 所示。

图 6-10　使用带条件的内连接

其实，上述例子还可以通过如下代码实现。

```
--查询考试分数大于或等于 75 分的学员信息并显示相关科目和分数
SELECT StuInfo.StuID, StuName, StuSex, Subject, Score
FROM StuInfo INNER JOIN StuMarks
ON StuInfo.StuID = StuMarks.StuID
WHERE Score >= 75
```

请比较一下这两段代码有什么区别。StuName、StuSex、Subject、Score 这几个列都没有在列的前面指定它们来自哪个表。那为什么 StuID 又必须指定其来自哪个表呢？因为在上述查询语句中，StuName 和 StuSex 仅存在于 StuInfo 表中，Subject 和 Score 仅存在于 StuMarks 表中，SQL Server 服务器很清楚地知道这些列的数据应该从哪里得到，而 StuInfo 表与 StuMarks 表都包含了 StuID 字段，如果在 SQL 语句中不具体地指明来自哪个表，则 SQL Server 也不知道该对哪一个 StuID 进行计算。

因此，当返回列的名称在连接结果中存在多次时，必须完全确定列的名称。可以通过以下两种方法中的任一种来确定列名。

- 提供选择列所在表的表名，接着是一个点号(.)和列名。(表.列名)
- 为表提供一个别名，接着是一个点号(.)和列名。(别名.列名)

给表取别名是一种使用频繁并且很奇妙的方法，其能够降低代码的冗余性并提高查询语句的可读性。与上一单元给列取别名类似，只需要简单地将要用的别名放在表名后，编写代码如下所示。

```
--查询考试分数大于或等于 85 分的学员信息并显示相关科目和分数
SELECT s1.StuID, s1.StuName, s1.StuSex, s2.Subject, s2.Score
FROM StuInfo s1 INNER JOIN StuMarks s2 ON s1.StuID = s2.StuID
WHERE s2.Score >= 85
```

6.2.3　INNER JOIN——类似 WHERE 子句

以上所有的内部连接示例中，所有的内部连接都会返回连接之后匹配的记录，这个特点与 WHERE 子句相似，因为 WHERE 子句也只返回满足规定标准的记录。

而上述的例子也可以使用 WHERE 子句来实现，代码如下所示。

```
--查询考试分数大于或等于 75 分的学员信息，并显示相关科目和分数
--使用 WHERE 实现
SELECT s1.StuID, s1.StuName, s1.StuSex, s2.Subject, s2.Score
FROM StuInfo s1, StuMarks s2
```

WHERE s1.StuID = s2.StuID AND s2.Score >= 75

运行结果如图 6-11 所示。

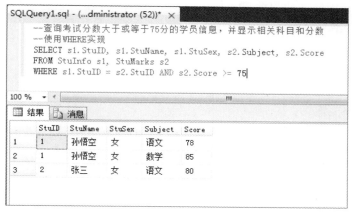

图 6-11 使用 WHERE 子句实现内部连接

6.2.4 更复杂的连接

前面的例子中都是从两个表中选择查询的数据，如果要从3个表中检索数据，则对应的 SELECT 语句可以写成如下所示的语法格式。

SELECT 字段列表 FROM 表 1 INNER JOIN 表 2 ON 条件表达式 1 INNER JOIN 表 3 ON 条件表达式 2 …

如果有更多的表需要连接，则以此类推。

使用 JOIN 运算时，应当注意以下两点。

- 在JOIN运算中，可以连接任何两个相同类型的数值字段。如果被连接字段不是数值类型的，则它们必须具有相同的数据类型并且包含相同类型的数据，但字段名称不必相同。

- 如果两个来源表中包含名称相同的字段，用 SELECT 子句选取这些字段时就应当冠以表名，否则会出现错误提示信息——列名 "***" 不明确。

6.3 外部连接查询

在前面的讲述中，连接的结果是从两个或两个以上的表的组合中挑选出符合连接条件的数据，无法满足连接条件的数据即被丢弃，通常称这种方法为内部连接(INNER JOIN)。

在内部连接中,参与连接的表的地位是平等的。与内部连接相对的方式称为外部连接(OUTER JOIN)。在外部连接中,参与连接的表有主从之分,以主表的每行数据去匹配从表的数据列,符合连接条件的数据将直接返回到结果集中,不符合连接条件的列将被填上NULL 值后再返回到结果集中(bit 类型的数据将被填上 0)。

外部连接分为左外部连接(LEFT OUTER JOIN)和右外部连接(RIGHT OUTER JOIN)两种。以主表所在的方向区分外部连接,主表在 JOIN 的左边则称为左外部连接,主表在 JOIN 的右边则称为右外部连接。

外部连接可以通过在 FROM 子句中使用 LEFT/RIGHT JOIN 运算来实现,语法格式如下所示。

SELECT 字段列表 FROM 表 1 <LEFT/RIGHT> [OUTER] JOIN 表 2 ON 条件表达式

 注意

在示例中将使用完整的语法,即使用 OUTER 关键字(如 LEFT OUTER JOIN)。OUTER 关键字为可选项,只需要使用 LEFT 或 RIGHT 关键字(如 LEFT JOIN)。

下面用示例来说明到底什么是外部连接。

例: 在 StuInfo 表中插入一个新的学员"猪八戒"同学的信息,然而这个同学没有参加考试,于是在 StuMarks 表中没有"猪八戒"同学的成绩。现在需要查询班上所有同学的成绩,就算没有参加考试,也必须显示每个学生的名字。

```
--左外连接,查询成绩,会显示没有参加考试的人的名字
SELECT s1.StuID, s1.StuName, s1.StuSex, s2.Subject, s2.Score
FROM StuInfo s1 LEFT OUTER JOIN StuMarks s2
ON s1.StuID = s2.StuID
```

运行结果如图 6-12 所示。

分析: 由题目可知,"猪八戒"同学的信息只存于 StuInfo 表中,因为该同学没有参加考试,在 StuMarks 表中并不存在该同学的信息。如果使用在上一节学习的内部连接来将两个表连接起来,会看到结果中不会存在"猪八戒"同学的任何信息,为什么?

内部连接寻找的是与"条件表达式"匹配的数据,而"猪八戒"同学的信息只在 StuInfo表中存在,因而无法与 StuMarks表中的任何记录匹配。因此,内部连接的结果中不会存在"猪八戒"同学的任何信息。

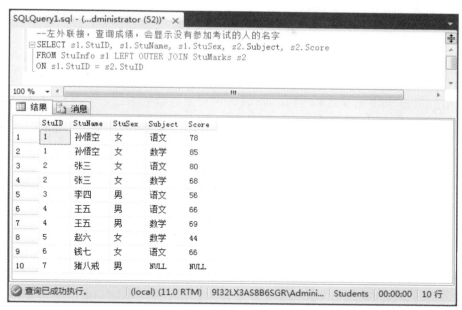

图 6-12　使用外部连接显示所有学员的成绩

仔细分析这个例子对数据的要求，无论 StuMarks 表中有没有相应的分数，每个学员的信息都必须显示出来。这样的要求，就必须使用外部连接了。外部连接中有一个表是主表，另一个表的记录会根据"条件表达式"与主表的记录匹配，如果没有与主表相匹配的记录，则会显示 NULL。很明显，要求每个学员的信息必须显示，无论考试成绩存不存在。那么只需使用外部连接，并将 StuInfo 作为主表即可实现。

上面的代码中使用了左外连接。其实明白了外部连接的意义，左外连接与右外连接的区别仅仅只是写法不同而已。上述的左外连接也可以写成如下所示的右外连接。

```
--右外连接，查询成绩，会显示没有参加考试的人的名字
SELECT s1.StuID, s1.StuName, s1.StuSex, s2.Subject, s2.Score
FROM StuMarks s2 RIGHT OUTER JOIN StuInfo s1
ON s1.StuID = s2.StuID
```

6.4　交叉连接

交叉连接的使用很怪异。交叉连接与其他的连接不同，它不使用 ON 运算符，而将 JOIN 左侧的所有记录与另一侧的所有记录连接。简而言之，它返回的是 JOIN 两侧表记录的笛卡尔积。交叉连接与其他连接语法类似，不过它使用 CROSS 关键字，而不使用 ON

运算符。

让我们来看一看交叉连接有什么特点。

由上一节的例子可以清楚地看到,将 StuInfo 表与 StuMarks 表进行交叉连接之后的记录的总数是 StuInfo 表中记录总数与 StuMarks 表中记录总数的乘积,如图 6-13 所示。

那么交叉连接到底有什么作用?交叉连接在很多的科学研究中使用,如高等数学里面有许多笛卡尔积的使用。

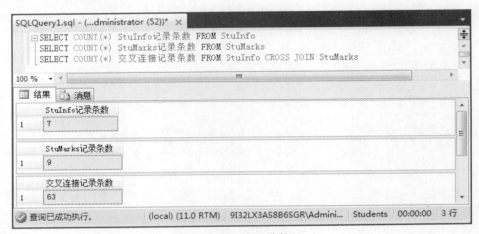

图 6-13　交叉连接

使用交叉连接可以建立测试数据。在实际的项目开发中,项目中建立的数据库通常是大规模数据库中的一小部分,而实际的测试需要大规模的数据。如何输入大规模的测试数据呢?使用交叉连接,只需要将少量的数据输出到两个或多个表中,然后对这些表执行交叉连接即可产生大量的测试数据。例如,如果建立了一个有 50 个姓的表,再建立一个有250 个名的表,则使用交叉连接可以建立一个有 12 500 个不同姓名组合的表。

6.5　集合运算

在很多时候,需要将两组查询的结果进行操作,我们把这种操作称为集合运算,集合运算包括并、交、减。

6.5.1　使用 UNION 和 UNION ALL 进行并集运算

UNION 是一个特殊的运算符,用于将两个或两个以上的查询产生一个结果集。

联合不是真正的连接,作用更像是将一个查询返回的数据附加到另一个查询结果的末尾。JOIN 将信息水平连接，而 UNION 将数据垂直连接(加入更多的行)。

当使用 UNION 处理查询时，要注意以下关键的几点。

- 所有 UNION 的查询必须在 SELECT 列表中有相同的列数。即如果在第一个查询中选择了 3 列，则在第二个查询(放在 UNION 后)也要选择 3 列。如果在第一个查询中选择了 5 列，则在第二个查询中也要选择 5 列。不管第一个查询选择多少列，第二个查询必须选择与其相同数量的列。

- UNION 返回的结果集的标题仅从第一个查询获得。若第一个查询的 SELECT 为 "SELECT Col1, Col2 AS Second, Col3 FROM ..."，则不管其他查询的列如何命名或取别名，使用 UNION 返回的列的标题分别为 Col1、Second 和 Col3。

- 查询中的对应列的数据类型必须隐式一致。注意，这里没有要求相同的数据类型，只要数据类型可隐式转换。如果第一个查询的第二列的数据类型为 char(20)，则第二个查询的第二列的数据类型可为 varchar(50)。但是，因为联合是基于第一个查询，所以第二个结果集中数据超过 20 个字符的部分将会被忽略。

- 与其他非 UNION 查询不同，UNION 查询的默认返回选项为 DISTINCT，而不是 ALL。在其他所有查询中，不管记录是否相同，可返回所有的行，但 UNION 查询不同。除非在 UNION 查询中使用 ALL 关键字，才能返回重复的行。

下面还是通过例子来讲解。

例：在 StuMarks 表中查询分数大于或等于 80 分的记录。

```
--在 StuMarks 表中查询分数大于或等于 80 分的记录
SELECT StuID, Subject, Score FROM StuMarks
WHERE Score >= 80
```

运行结果如图 6-14 所示。

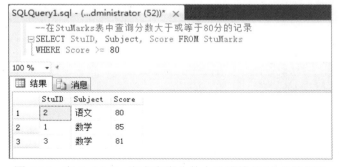

图 6-14 在 StuMarks 表中查询分数大于或等于 80 分的记录

例：在 StuMarks 表中查询 StuID 等于 3 的记录。

```
--在 StuMarks 表中查询 StuID 等于 3 的记录
SELECT StuID, Subject, Score FROM StuMarks
WHERE StuID = 3
```

运行结果如图 6-15 所示。

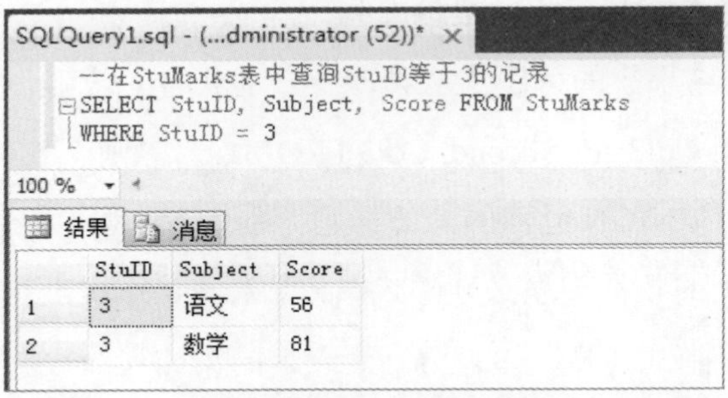

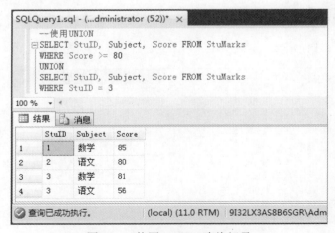

图 6-15　在 StuMarks 表中查询 StuID 等于 3 的记录

例：在 StuMarks 表中查询分数大于或等于 80 分的记录和 StuID 等于 3 的记录。

```
--使用 UNION
SELECT StuID, Subject, Score FROM StuMarks
WHERE Score >= 80
UNION
SELECT StuID, Subject, Score FROM StuMarks
WHERE StuID = 3
```

运行结果如图 6-16 所示。

图 6-16　使用 UNION 查询记录

对于以上的要求，如果我们不使用 UNION 而使用 UNION ALL，则代码如下所示。

```
--使用 UNION ALL
SELECT StuID 学号,Subject 科目, Score 成绩
FROM StuMarks WHERE Score >= 80
UNION ALL
SELECT StuID, Subject, Score FROM StuMarks
WHERE StuID = 3
```

运行结果如图 6-17 所示。

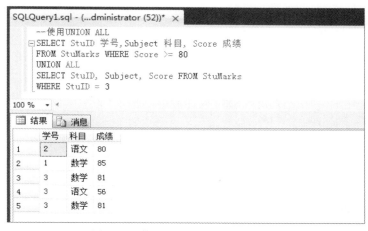

图 6-17　使用 UNION ALL 查询记录

通过以上两组图，可以清楚地看出：

- UNION 和 UNION ALL 都将两组查询进行了并集，唯一的区别在于 UNION 不允许有重复列，而 UNION ALL 允许有重复的列。

- UNION 返回的结果集的标题仅从第一个查询获得。

6.5.2　使用 INTERSECT 进行交集运算

交集同样是对多个结果集合进行操作。交集将两个结果集中相同的记录取出来，形成一个新的集合。

例：将下列两个结果集中相同的记录取出来。

- 在 StuMarks 表中查询到的分数大于或等于 80 分的记录。

- 在 StuMarks 表中查询到的 StuID 等于 3 的记录。

```
--使用 INTERSECT
SELECT StuID 学号, Subject 科目, Score 成绩
FROM StuMarks WHERE Score >= 80
```

```
INTERSECT
SELECT StuID, Subject, Score FROM StuMarks
WHERE StuID = 3
```

运行结果如图 6-18 所示。

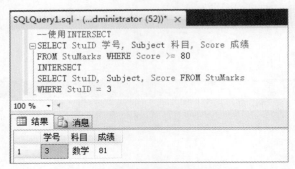

图 6-18　使用 INTERSECT 查询记录

从上例可以清楚地看出，使用 INTERSECT 可以将两个结果集中相同的记录取出来成为一个新的结果集。

6.5.3　使用 EXCEPT 进行减集运算

减集是指比较两个结果集，将 EXCEPT 关键字前的结果集除去交集部分而组成的新的集合。

 注意

　减集最后获得的结果与两个结果集放置的顺序有密切的关系。

现在就由下面这个例子来说明，用上面使用过的两个结果集相减，并调换两个集合进行减集时的顺序，看看所得的结果是否相同，编写代码如下所示。

```
--使用 EXCEPT
SELECT StuID, Subject, Score FROM StuMarks
WHERE Score >= 80
EXCEPT
SELECT StuID, Subject, Score FROM StuMarks
WHERE StuID = 3
```

运行结果如图 6-19 所示。

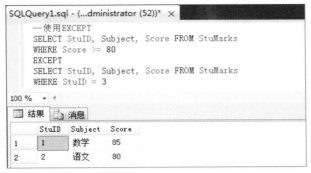

图 6-19 使用 EXCEPT 查询记录

接下来调换一下集合在 EXCEPT 关键字中的顺序，看看会得到什么样的结果，代码如下所示。

```
--使用 EXCEPT，调换了集合的顺序
SELECT StuID, Subject, Score FROM StuMarks
WHERE StuID = 3
EXCEPT
SELECT StuID , Subject , Score FROM StuMarks
WHERE Score >= 80
```

运行结果如图 6-20 所示。

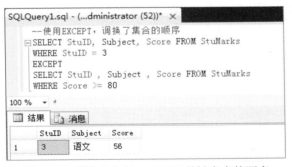

图 6-20 调换集合在 EXCEPT 关键字中的顺序

很明显，同样的两个集合，但是由于顺序的不同，最后的结果也是不同的。以后在具体使用的时候一定要注意。

【单元小结】

- 掌握 SUM()、AVG()、MAX()、MIN()、COUNT() 5 个聚合函数。
- 掌握 GROUP BY 与 HAVING 的用法。

- 如果一个查询需要对多个表进行操作，就称为连接查询。连接查询的结果集或结果表，称为表之间的连接。

- 连接查询分为内部连接查询、自连接查询、外部连接查询和复合条件连接查询等。

- 内部连接是一种最常用的连接类型。使用内部连接时，如果两个来源表的相关字段满足连接条件，则从这两个表中提取数据并组合成新的记录。

- 外部连接分为左外部连接(LEFT OUTER JOIN)和右外部连接(RIGHT OUTER JOIN)两种。以主表所在的方向区分外部连接，主表在左边则称为左外部连接，主表在右边则称为右外部连接。

- 连接不仅可以在表之间进行，也可以使一个表同其自身进行连接，这种连接称为自连接，相应的查询称为自连接查询。

【单元自测】

1. 下列聚合函数中不忽略空值(NULL)的是( )。

A. SUM(列名)   B. MAX(列名)   C. COUNT(*)   D. AVG(列名)

2. 以下( )语句的返回值不是22。

A. SELECT abs(-22)   B. SELECT abs(22)

C. SELECT ceiling(22.1)   D. SELECT floor(22.9)

3. SQL Server 提供了一些日期函数，以下说法错误的是( )。(选择两项)

A. SELECT dateadd(mm,4, '01/01/99') 返回值为 05/01/99

B. SELECT datediff(mm,'03/06/2003','03/09/2003') 返回值为 3

C. SELECT datepart(day,'03/06/2003') 返回值为 6

D. SELECT datename(dw,'03/06/2003') 返回值为 6

4. 现有订单表 orders，包含数据如表 6-1 所示。若查询既订购了产品 P01，又订购了产品 P02 的顾客编号，可以执行以下( )SQL 语句。

表 6-1　orders 订单表数据

Cid(顾客编号)	Pid(产品编号)
C01	P01
C01	P02
C02	P01
C03	P02

A. SELECT distinct(cid) FROM orders o1 WHERE o1.pid in ('p01','p02')

B. SELECT distinct(cid) FROM orders o1,orders o2 WHERE o1.pid='p01' and o2.pid='p02' and o1.cid=o2.cid

C. SELECT distinct(cid) FROM orders o1 WHERE pid='p01' and cid in (SELECT cid FROM orders WHERE pid ='p02')

D. SELECT distinct(cid) FROM orders o1,orders o2 WHERE o1.pid='p01' and o2.pid='p02'

5. 关于多表连接查询，以下(　　)描述是错误的。

A. 外部连接查询返回的结果集行数可能大于所有符合连接条件的结果集行数

B. 多表连接查询必须使用到 JOIN 关键字

C. 内部连接查询返回的结果是：所有符合连接条件的数据

D. 在 WHERE 子句中指定连接条件可以实现内部连接查询

【上机实战】

上机目标

- 理解内部连接、外部连接、自连接的含义和用法。
- 熟练内部连接，掌握外部连接，了解自连接。
- 练习使用较复杂的查询语句。

上机练习

◆　第一阶段　◆

练习 1：第一个程序

【问题描述】

编写一个SQL查询语句，查询Students数据库StuInfo表中，按字段StuSex分组统计每个性别的学生总数。

【问题分析】

- 使用 group by 子句。
- 注意 group by 子句的使用。
- 书写查询语句。

- 运行检查结果。

 提示

统计函数 count() 的应用。

练习 2：第二个程序。

【问题描述】

编写一个 SQL 查询语句，Students 数据库中 StuInfo、StuMarks 连接查询。

要求：显示学生的学号、名称、考试科目及考试成绩。

【问题分析】

本练习主要是练习较基本的多表连接查询，即内部连接的使用、表之间的关系、连接条件的确定、查询字段的选择及查询结果的分析。

【参考步骤】

(1) 书写代码，如下所示。

```
--使用 Students 数据库
USE Students
GO
--浏览相关表的信息
SELECT * FROM StuInfo
SELECT * FROM StuMarks
GO
--连接查询所需信息
--注意表与表之间的关系
--编写查询语句
SELECT StuInfo.StuID,StuName,Subject,Score FROM StuInfo,StuMarks
WHERE StuInfo.StuID=StuMarks.StuID
```

(2) 执行 SQL 语句。

选中要执行的 SQL 语句，单击"执行"按钮或者直接按键盘上的"F5"键运行。

◆ 第二阶段 ◆

练习 3：第三个程序

【问题描述】

将练习 2 内连接 SELECT 语句的 WHERE 条件子句书写的简化查询的代码改写成使用标准内部连接(INNER JOIN)实现的查询语句。

【问题分析】

- 分析练习 2 SQL 语句的代码。
- 注意表的关系和条件的确定。
- 分析 INNER JOIN 内部连接的语法格式。

【拓展作业】

1. 查询显示今天的日期(不要时间)。

 提示

查看 SQL 联机丛书，找出字符串反转函数。

2. 编写一个 SQL 查询语句，Students 数据库中 StuInfo、StuMarks 连接查询。查询成绩最高的学生的名称。

附录 A

常用函数的使用

 课程目标

▶ 灵活使用 SQL Server 中的函数。

▶ 理解多表查询的意义。

▶ 掌握如何使用多表查询。

▶ 综合运用查询获取数据。

 **简 介**

当 SELECT 子句中仅包含常量、变量和算术表达式，而没有指定任何字段名时，FROM 子句可省略。一般来说，在允许使用变量、字段或表达式的地方都可以使用函数，SQL Server 中有相应的函数对这些常量和变量进行转换。

函数是数据库系统中很重要的一类对象，使用这些函数可以方便快捷地执行某些操作。以下主要讲解字符串函数、日期和时间函数、数学函数、数据类型转换函数以及系统函数的使用方法。

函数的语法：

SELECT function(列)FROM 表

函　　数	描　　述
AVG(column)	返回某列的行数
COUNT(column)	返回某列的行数(不包括 NULL 值)
COUNT(*)	返回被选行数
COUNT(DISTINCT column)	返回相异结果的数目
FIRST(column)	返回在指定的域中第一个记录的值(SQL Server 2000 不支持)
LAST(column)	返回在指定的域中最后一个记录的值(SQL Server 2000 不支持)
MAX(column)	返回某列的最高值
MIN(column)	返回某列的最低值
SUM(column)	返回某列的总和

A.1　字符串函数

字符串函数对字符串(char 或 varchar)输入值执行操作，返回一个字符串或数字值。常用的字符串函数、返回值及其例子如表 A-1 所示。

表 A-1　常用字符串函数及其描述

函　数　名	描　　述	举　　例	结　　果
CHARINDEX()	用来寻找一个指定的字符串在另一个字符串中的起始位置	SELECT CHARINDEX('HOPEFUL','My HOPEFUL Course',1)	返回：4

(续表)

函 数 名	描 述	举 例	结 果
LEN()	返回传递给它的字符串长度	SELECT LEN('SQL Server 2005')	返回：15
LOWER()	把传递给它的字符串转换为小写	SELECT LOWER('SQL Server 2005')	返回：SQL Server 2005
UPPER()	把传递给它的字符串转换为大写	SELECT UPPER('sql server 2005')	返回：SQL Server 2005
LTRIM()	清除字符左边的空格	SELECT LTRIM (' 空格 ')	返回：空格(后面的空格保留)
RTRIM()	清除字符右边的空格	SELECT RTRIM (' 空格 ')	返回：空格(前面的空格保留)
LEFT()	从字符串左边返回指定数目的字符	SELECT LEFT ('SQL Server',3)	返回：SQL
RIGHT()	从字符串右边返回指定数目的字符	SELECT RIGHT('SQL Server',6)	返回：Server
REPLACE()	替换一个字符串中的字符	SELECT REPLACE('SQL Server 2000','2000','2005')	返回：SQL Server 2005
STUFF()	在一个字符串中,删除指定长度的字符,并在该位置插入一个新的字符串	SELECT STUFF('ABCDEFG', 2, 3, 'SQL Server 2005')	返回：ASQL Server 2005EFG

案例：SQL LEN()实例

我们拥有下面这个 Persons 表：

Id	LastName	FirstName	Address	City
1	Adams	John	Oxford Street	London
2	Bush	George	Fifth Avenue	New York
3	Carter	Thomas	Changan Street	Beijing

现在，我们希望取得 City 列中值的长度。

使用如下 SQL 语句：

```
SELECT LEN(City) as LengthOfAddress FROM Persons
```

结果集类似这样：

LengthOfCity
6
8
7

A.2 日期和时间函数

日期和时间函数在表 A-2 中列出。这些标量函数对日期和时间输入值执行相关操作并返回字符串、数字或日期和时间值。

表 A-2 日期和时间函数

函 数 名	描 述	举 例	结 果
GETDATE()	取得当前的系统日期	SELECT GETDATE()	返回：今天的日期
DATEADD()	将指定的数值添加到指定的日期部分后的日期	SELECT DATEADD (mm,4,'07/07/1999')	返回：以当前的日期格式返回 11/07/1999
DATEDIFF()	两个日期之间的指定日期部分的区别	SELECT DATEDIFF (mm, '01/07/1999', '05/071999')	返回：4
DATENAME()	日期中指定日期部分的字符串形式	SELECT DATENAME (dw, '01/01/2000')	返回：星期六
DATEPART()	日期中指定日期部分的整数形式	SELECT DATEPART (day, '01/25/2000')	返回：25

日期和时间函数中各参数的说明，见表 A-3。

表 A-3 日期和时间函数中各参数的说明

参 数	中 文 解 释	取 值 范 围
yy	年	1753～9999
qq	季	1～4
mm	月	1～12
dy	一年中的天数	1～366

(续表)

参　　数	中　文　解　释	取　值　范　围
dd	日	1～31
wk	周	1～53
dw	星期几	1～7(星期日～星期六)
hh	时	0～23
mi	分	0～59
ss	秒	0～59
ms	毫秒	0～999

案例：SQL 日期处理

假设我们有下面这个 Orders 表：

OrderId	ProductName	OrderDate
1	computer	2008-12-26
2	printer	2008-12-26
3	electrograph	2008-11-12
4	telephone	2008-10-19

现在，我们希望从上表中选取 OrderDate 为 2008-12-26 的记录。

使用如下 SELECT 语句：

```
SELECT * FROM Orders WHERE OrderDate='2008-12-26'
```

结果集为：

OrderId	ProductName	OrderDate
1	computer	2008-12-26
3	electrograph	2008-12-26

现在假设 Orders 类似这样(请注意 OrderDate 列中的时间部分):

OrderId	ProductName	OrderDate
1	computer	2008-12-26 16:23:55
2	printer	2008-12-26 10:45:26
3	electrograph	2008-11-12 14:12:08
4	telephone	2008-10-19 12:56:10

使用上面的 SELECT 语句:

SELECT * FROM Orders WHERE OrderDate='2008-12-26'

A.3 数学函数

常用的数学函数在表 A-4 中列出。这些函数通常对作为参数提供的输入值执行计算并返回数字值。

表 A-4

函 数 名	描 述	举 例	结 果
ABS()	取数值表达式的绝对值	SELECT ABS(-99)	返回: 99
POWER()	取数值表达式的幂值	SELECT POWER(6,2)	返回: 36
ROUND()	将数值表达式四舍五入为指定精度	SELECT ROUND(55.543,2)	返回: 55.54

案例: SQL ROUND()

我们拥有下面这个 Products 表:

Prod_Id	ProductName	Unit	UnitPrice
1	gold	1000 g	32.35
2	silver	1000 g	11.56
3	copper	1000 g	6.85

现在，希望把名称和价格舍入为最接近的整数。

使用如下 SQL 语句：

```
SELECT ProductName, ROUND(UnitPrice,0) as UnitPrice FROM Products
```

结果集类似这样：

ProductName	UnitPrice
gold	32
silver	12
copper	7

A.4　数据类型转换函数

要对不同数据类型的数据进行运算，必须将它们转换为相同的数据类型。在 SQL Server 中，有一些数据类型之间会自动(隐性)地进行转换，有一些数据类型之间则必须显式地进行转换，还有一些数据类型之间是不允许进行转换的。如果希望将某种数据类型的表达式显式转换为另一种数据类型，可以使用 CONVERT 函数来实现。下面介绍这个函数的使用方法。

使用 CONVERT 函数进行数据类型转换。该函数的语法格式如下：

```
CONVERT(data_type[(length)],expression[,style])
```

其中，expression 是要转换数据类型的表达式，可以是任何有效的 SQL Server 表达式；data_type 是转换以后的数据类型，length 是可选参数，用于指定字符串数据的长度；style 也是可选参数，用于指定将 datetime 或 smalldatetime 转换为字符串数据时所返回字符串的日期格式样式，也用于指定将 float 或 real 转换为字符串数据所返回字符串的数字格式。style 参数的一些典型取值在表 A-5 中列出。

表 A-5　Style 参数的典型取值

Style 参数的 有效值	返回字符串的 日期时间格式	举例说明
108	hh：mm：ss(24 小时制)	SELECT CONVERT(VARCHAR(20),@date,108) 返回：06：06：06

(续表)

Style 参数的 有效值	返回字符串的 日期时间格式	举例说明
111	yy/mm/dd	SELECT CONVERT(VARCHAR(20),@date,111) 返回：2006/06/06
120	yyyy-mm-dd hh：mm：ss	SELECT CONVERT(VARCHAR(20),@date,120) 返回：2006-06-06 06:06:06

实例：CONVERT()函数

下面的脚本使用 CONVERT()函数来显示不同的格式。我们将使用 GETDATE()函数来获得当前的日期/时间：

```
CONVERT(VARCHAR(19),GETDATE())
CONVERT(VARCHAR(10),GETDATE(),110)
CONVERT(VARCHAR(11),GETDATE(),106)
CONVERT(VARCHAR(24),GETDATE(),113)
```

结果类似：

```
Dec 29 2008 11:45 PM
12-29-2008
29 Dec 08
29 Dec 2008 16:25:46.635
```

A.5 系统函数

系统函数执行操作并返回有关 SQL Server 中的值、对象和设置的信息。常用的系统函数在表 A-6 中列出。

表 A-6 常用的系统函数

函 数 名	描 述	举 例
CURRENT_USER()	返回当前用户的名字	SELECT CURRENT_USER() 返回：你登录的用户名

(续表)

函 数 名	描 述	举 例
DATALENGTH()	返回用于指定表达式的字节数	SELECT DATALENGTH ('CBA 盟') 返回：7
HOST_NAME()	返回当前用户所登录的计算机名字	SELECT HOST_NAME() 返回：你所登录的计算机的名字
SYSTEM_USER()	返回当前所登录的用户名称	SELECT SYSTEM_USER() 返回：你当前所登录的用户名
USER_NAME()	从给定的用户 ID 返回用户名	SELECT USER_NAME(1) 返回：从任意数据库中返回"dbo"

附录 **B**

SQL 语句详解

 课程目标

▶ 熟练掌握常用 SQL 语句。

▶ 熟练掌握 SQL 函数。

B.1 SELECT

SELECT 是用来做什么的呢？一个最常见的用法是将数据从数据库中的表格内选出。从这一句回答中，我们马上可以看到两个关键字：从(FROM)数据库中的表格内选出(SELECT)。(表格是一个数据库内的结构，它的目的是储存数据。在表格处理这一部分中，我们会提到如何使用 SQL 来设定表格。)我们由这里可以看到最基本的 SQL 架构：

SELECT "列名" FROM "表格名"

我们用以下的例子来看看实际上是怎么用的。假设有以下这个表格：

Store_Information 表格

store_name	sales	date
Los Angeles	$1,500	jan-05-1999
San Diego	$250	jan-07-1999
Los Angeles	$300	jan-08-1999
Boston	$700	jan-08-1999

若要选出所有的店名(store_Name)，就输入：

SELECT store_name FROM Store_Information

结果：

store_name
Los Angeles
San Diego
Los Angeles
Boston

我们一次可以读取好几个列，也可以同时在好几个表格中选数据。

B.2 DISTINCT

SELECT 指令让我们能够读取表格中一个或数个列的所有数据。这将把所有的数据都抓取，无论数据值有无重复。在数据处理中，我们会经常碰到需要找出表格内的不同数据值的情况。换句话说，我们需要知道这个表格/列内有哪些不同的值，而每个值出现的次数并不重要。这要如何达成呢？在 SQL 中，这是很容易做到的，只要在 SELECT 后加上一个DISTINCT 就可以了。

DISTINCT 的语法如下：

SELECT DISTINCT "列名" FROM "表格名"

举例来说，若要在以下的表格中找出所有不同的店名时：

Store_Information 表格

store_name	sales	date
Los Angeles	$1,500	jan-05-1999
San Diego	$250	jan-07-1999
Los Angeles	$300	jan-08-1999
Boston	$700	jan-08-1999

就输入：

SELECT DISTINCT store_name FROM Store_Information

结果：

store_name
Los Angeles
San Diego
Boston

B.3 WHERE

我们并不一定每一次都要将表格内的数据都完全抓取。在许多时候，需要选择性地抓取数据。就我们的例子来说，可能只要抓取营业额超过$1,000 的数据。要做到这一点，就需要用到 WHERE 这个指令。这个指令的语法如下：

```
SELECT "列名" FROM "表格名" WHERE "条件"
```

若要由以下的表格抓取营业额超过$1,000 的数据：

Store_Information 表格

store_name	sales	date
Los Angeles	$1,500	jan-05-1999
San Diego	$250	jan-07-1999
Los Angeles	$300	jan-08-1999
Boston	$700	jan-08-1999

就输入：

```
SELECT store_name FROM Store_Information WHERE Sales > 1000
```

结果：

store_name
Los Angeles

B.4 AND OR

在上一节中，我们看到 WHERE 指令可以被用来由表格中有条件地选取数据。这个条件可能是简单的(像上一节的例子)，也可能是复杂的，复杂条件是由两个或多个简单条件透过 AND 或是 OR 的连接而成。一个 SQL 语句中可以有无限多个简单条件的存在。

复杂条件的语法如下：

```
SELECT "列名" FROM "表格名" WHERE "简单条件" {[AND|OR] "简单条件"}+
```

{}+代表{}之内的情况会发生一或多次。在这里的意思就是 AND 加简单条件及 OR 加简单条件的情况可以发生一次或多次。另外，可以用()来代表条件的先后次序。

举例来说，若要在 Store_Information 表格中选出所有 Sales 高于$1,000 或是 Sales 在$500

及$275 之间的数据时:

Store_Information 表格

store_name	sales	date
Los Angeles	$1,500	jan-05-1999
San Diego	$250	jan-07-1999
San Francisco	$300	jan-08-1999
Boston	$700	jan-08-1999

就输入:

SELECT store_name FROM Store_Information WHERE Sales > 1000 OR (Sales < 500 AND Sales > 275)

结果:

store_name
Los Angeles
San Francisco

B.5 IN

在 SQL 中，在两种情况下会用到 IN 指令；这一页将介绍其中之一——与 WHERE 有关的那一个情况。在这个用法下，事先已知道至少一个我们需要的值，而我们将这些知道的值都放入 IN 子句。

IN 指令的语法如下。

SELECT "列名" FROM "表格名" WHERE "列名" IN ('值一', '值二', ...)

在括弧内可以有一个或多个值，而不同值之间由逗点分开。值可以是数目或是文字。若在括弧内只有一个值，那这个子句就等于 WHERE "列名" = '值一'。

举例来说，若我们要在 Store_Information 表格中找出所有涵盖 Los Angeles 或 San Diego 的数据:

Store_Information 表格

store_name	sales	date
Los Angeles	$1,500	jan-05-1999
San Diego	$250	jan-07-1999
San Francisco	$300	jan-08-1999
Boston	$700	jan-08-1999

就输入：

SELECT * FROM Store_Information WHERE store_name IN ('Los Angeles', 'San Diego')

结果：

store_name	sales	date
Los Angeles	$1,500	jan-05-1999
San Diego	$250	jan-07-1999

B.6 BETWEEN

IN 指令可以让我们依照一个或数个不连续(discrete)的值的限制之内抓取数据库中的值，而 BETWEEN 则是让我们可以运用一个范围(range)内抓取数据库中的值。BETWEEN 子句的语法如下。

SELECT "列名" FROM "表格名" WHERE "列名" BETWEEN '值一' AND '值二'

这将选出列值包含在值一及值二之间的每一笔数据。

举例来说，若我们要在 Store_Information 表格中找出所有介于 January 6, 1999 及 January 10, 1999 中的数据：

Store_Information 表格

store_name	sales	date
Los Angeles	$1,500	jan-05-1999
San Diego	$250	jan-07-1999

(续表)

store_name	sales	date
San Francisco	$300	jan-08-1999
Boston	$700	jan-08-1999

就输入:

SELECT * FROM Store_Information WHERE Date BETWEEN 'Jan-06-1999' AND 'Jan-10-1999'

请读者注意:在不同的数据库中,日期的储存方法可能会有所不同。在这里我们选择了其中一种储存方法。

结果:

store_name	sales	date
San Diego	$250	jan-07-1999
San Francisco	$300	jan-08-1999
Boston	$700	jan-08-1999

B.7 LIKE

LIKE 是另一个在 WHERE 子句中会用到的指令。基本上,LIKE 能让我们依据一个套式(pattern)来找出我们要的数据。相对来说,在运用 IN 的时候,我们完全地知道我们需要的条件;在运用 BETWEEN 的时候,我们则是列出一个范围。

LIKE 的语法如下。

SELECT "列名" FROM "表格名" WHERE "列名" LIKE {套式}

{套式}经常包括野卡(wildcard),以下是几个例子。

- A_Z':所有以'A'起头,另一个任何值的字串,且以 'Z'为结尾的字串。'ABZ'和'A2Z'都符合这个模式,而'AKKZ'并不符合(因为在 A 和 Z 之间有两个字串,而不是一个字串)。
- 'ABC%':所有以'ABC'起头的字串。举例来说,'ABCD'和'ABCABC'都符合这个套式。
- '%XYZ':所有以'XYZ'结尾的字串。举例来说,'WXYZ'和'ZZXYZ'都符合这个套式。

- '%AN%'：所有含有'AN'套式的字串。举例来说，'LOS ANGELES'和'SAN FRANCISCO'都符合这个套式。

我们将以上最后一个例子用在 Store_Information 表格上：

Store_Information 表格

store_name	sales	date
Los Angeles	$1,500	jan-05-1999
San Diego	$250	jan-07-1999
San Francisco	$300	jan-08-1999
Boston	$700	jan-08-1999

就输入：

```
SELECT * FROM Store_Information WHERE store_name LIKE '%AN%'
```

结果：

store_name	sales	date
Los Angeles	$1,500	jan-05-1999
San Francisco	$300	jan-08-1999
San Diego	$250	jan-07-1999

B.8 ORDER BY

到目前为止，我们已学到如何借由 SELECT 及 WHERE 两个指令将数据由表格中抓取。不过我们尚未提到这些数据要如何排列。这其实是一个很重要的问题。事实上，我们经常需要能够将抓取的数据做一个有系统的显示。可能是由小往大(ascending)排列或是由大往小(descending)排列。在这种情况下，就可以运用 ORDER BY 指令来达到我们的目的。

ORDER BY 的语法如下。

```
SELECT "列名" FROM "表格名" [WHERE "条件"] ORDER BY "列名" [ASC, DESC]
```

其中，[]代表 WHERE 是不一定需要的。不过，如果 WHERE 子句存在的话，它是在 ORDER BY 子句之前。ASC 代表结果会以由小往大的顺序列出，而 DESC 代表结果会以由大往小的顺序列出。如果两者皆没有被写出的话，那我们就会用 ASC。

我们可以按照好几个不同的列来排列顺序。在这个情况下，ORDER BY 子句的语法如下(假设有两个列)。

ORDER BY "列一" [ASC, DESC], "列二" [ASC, DESC]

若对这两个列都选择由小往大的话，那这个子句就会造成结果是依据"列一"由小往大排。若有好几笔数据"列一"的值相等，那这几笔数据就依据"列二"由小往大排。

举例来说，若我们要依照 sales 列由大往小列出 Store_Information 表格中的数据：

Store_Information 表格

store_name	sales	date
Los Angeles	$1,500	jan-05-1999
San Diego	$250	jan-07-1999
San Francisco	$300	jan-08-1999
Boston	$700	jan-08-1999

就输入：

SELECT store_name, Sales, Date FROM Store_Information ORDER BY Sales DESC

结果：

store_name	sales	date
Los Angeles	$1,500	jan-05-1999
Boston	$700	jan-08-1999
San Francisco	$300	jan-08-1999
San Diego	$250	jan-07-1999

在以上的例子中，我们用列名来指定排列顺序的依据。除了列名外，我们也可以用列的顺序(依据 SQL 句中的顺序)。在 SELECT 后的第一个列为1，第二个列为2，依次类推。在上面这个例子中，我们输入下面这一句 SQL 可以达到完全一样的效果。

SELECT store_name, Sales, Date FROM Store_Information ORDER BY 2 DESC

B.9 函数

数据库中有许多数据都是以数字的形态存在，一个很重要的用途就是要能够对这些数字做一些运算，例如，将它们总合起来或是找出它们的平均值。SQL 有提供一些这一类的函数。它们是：

- AVG(平均)
- COUNT(计数)
- MAX(最大值)
- MIN(最小值)
- SUM(总和)

运用函数的语法如下：

SELECT "函数名"("列名") FROM "表格名"

举例来说，若想在如下的示范表格中求出 Sales 列的总和：

Store_Information 表格

store_name	sales	date
Los Angeles	$1,500	jan-05-1999
San Francisco	$300	jan-08-1999
Boston	$700	jan-08-1999

就输入：

SELECT SUM(Sales) FROM Store_Information

结果：

SUM(Sales)
2750

$2750 代表所有 sales 列的总和：$1500 + $250 + $300 + $700。

除了函数的运用外，SQL也可以做简单的数学运算，如加(+)和减(-)。对于文字类的数据，SQL也有好几个文字处理方面的函数，如文字相连(concatenation)、文字修整(trim)，以及子字串(substring)。

不同的数据库对这些函数有不同的语法，所以最好是参考用户所用数据库的信息，来确定在哪个数据库中，这些函数是如何被运用的。

B.10 COUNT

在上一节有提到，COUNT 是函数之一。由于它使用广泛，我们在这里特别提出来讨论。基本上，COUNT 让我们能够数出在表格中有多少笔数据被选出来。它的语法是：

SELECT COUNT("列名") FROM "表格名"

举例来说,若要找出如下表所示的示范表格中有几笔 store_name 栏不是空白的数据时：

Store_Information 表格

store_name	sales	date
Los Angeles	$1,500	jan-05-1999
San Francisco	$300	jan-08-1999
Boston	$700	jan-08-1999

就输入：

SELECT COUNT(store_name) FROM Store_Information WHERE store_name is not NULL

结果：

Count(store_name)
4

"is not NULL"是"这个列不是空白"的意思。

COUNT 和 DISTINCT 经常被合起来使用，目的是找出表格中有多少笔不同的数据(至于这些数据实际上是什么并不重要)。举例来说，如果要找出表格中有多少个不同的

store_name，就输入：

```
SELECT COUNT(DISTINCT store_name) FROM Store_Information
```

结果：

Count(DISTINCT store_name)
3

B.11 Group By

我们现在回到函数上。记得用 SUM 这个指令来算出所有的 Sales(营业额)吧！如果我们的需求变成是要算出每一间店(store_name)的营业额(sales)，那怎么办呢？在这个情况下，我们要做到两件事：第一，对于 store_name 及 Sales 这两个列都要选出；第二，需要确认所有的 sales 都要依照各个 store_name 来分开算。它的语法为：

```
SELECT "列 1", SUM("列 2") FROM "表格名" GROUP BY "列 1"
```

在我们的示范上——算出每一间店的营业额：

Store_Information 表格

store_name	sales	date
Los Angeles	$1,500	jan-05-1999
San Francisco	$300	jan-08-1999
Boston	$700	jan-08-1999

就输入：

```
SELECT store_name, SUM(Sales) FROM Store_Information GROUP BY store_name
```

结果：

store_name	SUM(Sales)
Los Angeles	$1,800
San Diego	$250
Boston	$700

当选择不止一个列，且其中至少一个列有包含函数的运用时，就需要用到 GROUP BY 这个指令。在这个情况下，我们需要确定有 GROUP BY 所有其他的列。换句话说，除了有包括函数的列外，都需要将其放在 GROUP BY 的子句中。

B.12 HAVING

如何对函数产生的值来设定条件呢？举例来说，我们可能只需要知道哪些店的营业额有超过$1,500。在这个情况下，不能使用 WHERE 的指令。那要怎么办呢？很幸运地，SQL 有提供一个 HAVING 的指令，而我们就可以用这个指令来达到这个目标。HAVING 子句通常是在一个 SQL 句子的最后。一个含有 HAVING 子句的 SQL 并不一定要包含 GROUP BY 子句。

HAVING 的语法如下。

SELECT "列 1", SUM("列 2") FROM "表名" GROUP BY "列 1" HAVING (函数条件)

请读者注意：GROUP BY 子句并不是一定需要的。

在 Store_Information 表格这个例子中：

Store_Information 表格

store_name	sales	date
Los Angeles	$1,500	jan-05-1999
San Francisco	$300	jan-08-1999
Boston	$700	jan-08-1999

就输入：

SELECT store_name, SUM(sales) FROM Store_Information GROUP BY store_name HAVING SUM(sales) >1500

结果：

store_name	SUM(Sales)
Los Angeles	$1,800

B.13 ALIAS

接下来，我们讨论 alias(别名)在 SQL 中的用法。最常用到的别名有两种：列别名及表格别名。简单地说，列别名的目的是让 SQL 产生的结果易读。在之前的例子中，每当我们有营业额总和时，列名都是 SUM(sales)。虽然在这个情况下没有什么问题，可是如果这个列不是一个简单的总和，而是一个复杂的计算，那列名就没有这么易懂了。若我们用列别名的话，就可以确认结果中的列名是简单易懂的。

第二种别名是表格别名。要给一个表格取一个别名，只要在 FROM 子句中的表格名后空一格，然后再列出要用的表格别名就可以了。这在要用 SQL 从数个不同的表格中获取数据时是很方便的。这一点在之后讲到连接(join)时会看到。

我们先来看一下列别名和表格别名的语法：

SELECT "表格别名"."列 1" "列别名" FROM "表格名" "表格别名"

基本上，这两种别名都是放在它们要替代的物件后面，而它们中间由一个空白分开。我们继续使用 Store_Information 这个表格来做例子。

Store_Information 表格

store_name	sales	date
Los Angeles	$1,500	jan-05-1999
San Francisco	$300	jan-08-1999
Boston	$700	jan-08-1999

我们用与 B.11 小节一样的例子。这里的不同之处是加上了列别名以及表格别名：

SELECT A1.store_name Store, SUM(A1.Sales) "Total Sales"
FROM Store_Information A1 GROUP BY A1.store_name

结果：

store	Total Sales
Los Angeles	$1,800
San Diego	$250
Boston	$700

在结果中，数据本身没有不同。不同的是列的标题。这是运用列别名的结果。在第二个列上，原本的标题是"Sum(Sales)"，而现在有一个很清楚的"Total Sales"。很明显地，"Total Sales"能够比"Sum(Sales)"更精确地阐述这个列的含义。用表格别名的好处在这里并没有显现出来，不过在 B.14 小节和 B.15 小节将会清楚地显现出来。

B.14 连接

现在介绍连接(join)的概念。要了解连接，需要用到许多之前已介绍过的指令。先假设有以下两个表格：

Store_Information 表格

store_name	sales	date
Los Angeles	$1,500	jan-05-1999
San Francisco	$300	jan-08-1999
Boston	$700	jan-08-1999

Geography 表格

region_name	store_name
East	Boston
East	New York
West	Los Angeles
West	San Diego

由于我们想知道每一区(region_name)的营业额(sales)，而 Geography 这个表格告诉我们的是每一个区有哪些店，Store_Information 表格告诉我们的是每一个店的营业额，所以要想知道每一个区的营业额，需要将这两个不同表格中的数据串联起来。当仔细了解这两个表格后，会发现它们可经由一个相同的列——store_name，连接起来。我们先将 SQL 语句列出之后再讨论每一个子句的意义：

```
SELECT A1.region_name REGION, SUM(A2.Sales) SALES FROM Geography A1, Store_Information A2
WHERE A1.store_name = A2.store_name GROUP BY A1.region_name
```

结果：

REGION	sales
East	$700
West	$2050

在第一行中，我们让 SQL 去选出两个列：第一个列是 Geography 表格中的 Region_name 列(我们取了一个别名叫作 REGION)；第二个列是 Store_Information 表格中的 sales 列(别名为 SALES)。请注意，在这里有用到表格别名：Geography 表格的别名是 A1；Store_Information 表格的别名是 A2。若没有用表格别名的话，第一行就会变成：

```
SELECT Geography.region_name REGION, SUM(Store_Information.Sales) SALES
```

很明显地，这就复杂多了。在这里可以看到表格别名的功能：它能让 SQL 语句容易被了解，尤其是当 SQL 语句涵盖好几个不同的表格时。

接下来我们看第三行，就是 WHERE 子句。这是阐述连接条件的地方。在这里，我们要确认 Geography 表格中 Store_name 列的值与 Store_Information 表格中 store_name 列的值是相等的。这个 WHERE 子句是一个连接的关键语句，因为它的角色是确定两个表格之间的连接是正确的。如果 WHERE 子句是错误的，就极可能得到一个笛卡尔连接(Cartesian join)。笛卡尔连接会造成得到所有两个表格每两行之间所有可能的组合。在这个例子中，笛卡尔连接会让我们得到 4×4=16 行的结果。

B.15　外连接

外连接可以是左向外连接、右向外连接或完整外部连接。在 FROM 子句中指定外连接时，可以由下列几组关键字中的一组指定。

(1) LEFT JOIN 或 LEFT OUTER JOIN

左向外连接的结果集包括 LEFT OUTER子句中指定的左表的所有行，而不仅仅是连接列所匹配的行。如果左表的某行在右表中没有匹配行，则在相关联的结果集行中右表的所有选择列表列均为空值。

(2) RIGHT JOIN 或 RIGHT OUTER JOIN

右向外连接是左向外连接的反向连接，将返回右表的所有行。如果右表的某行在左表中没有匹配行，则将为左表返回空值。

(3) FULL JOIN 或 FULL OUTER JOIN

完整外部连接返回左表和右表中的所有行。当某行在另一个表中没有匹配行时，则另一个表的选择列表列包含空值。如果表之间有匹配行，则整个结果集行包含基表的数据值。

B.16　Subquery

我们可以在一个 SQL 语句中放入另一个 SQL 语句。当在 WHERE 子句或 HAVING 子句中插入另一个 SQL 语句时，我们就有一个 subquery 的架构。Subquery 的作用是什么呢？第一，它可以被用来连接表格。另外，有的时候 Subquery 是唯一能够连接两个表格的方式。

Subquery 的语法如下：

SELECT "列 1" FROM "表格" WHERE "列 2" [比较运算素] (SELECT "列 1" FROM "表格" WHERE [条件])

[比较运算素] 可以是相等的运算素，例如 =, >, <, >=, <=。这也可以是一个对文字的运算素，如"LIKE"。

我们就用刚刚在阐述 SQL 连接时用过的例子：

Store_Information 表格

store_name	sales	date
Los Angeles	$1,500	jan-05-1999
San Francisco	$300	jan-08-1999
Boston	$700	jan-08-1999

Geography 表格

region_name	store_name
East	Boston
East	New York
West	Los Angeles
West	San Diego

我们要运用 subquery 来找出所有在西部的店的营业额。可以用下面的 SQL 来达到我们的目的：

SELECT SUM(Sales) FROM Store_Information WHERE Store_name IN (SELECT store_name FROM Geography WHERE region_name = 'West')

结果：

SUM(Sales)
2050

在这个例子中，我们并没有直接将两个表格连接起来，然后由此直接算出每一间西区店面的营业额。我们做的是先找出哪些店是在西区的，然后再算出这些店的营业额总共是多少。

B.17 UNION

UNION 指令的目的是将两个 SQL 语句的结果合并起来。从这个角度来看，UNION 跟 JOIN 有些许类似，因为这两个指令都可以在多个表格中撷取数据。UNION 的一个限制是两个 SQL 语句所产生的列需要是同样的数据种类。另外，当用 UNION 这个指令时，我们只会看到不同的数据值(类似 SELECT DISTINCT)。

UNION 的语法如下：

[SQL 语句 1] UNION [SQL 语句 2]

假设有以下两个表格：

Store_Information 表格

store_name	sales	date
Los Angeles	$1,500	jan-05-1999
San Francisco	$300	jan-08-1999
Boston	$700	jan-08-1999

Internet Sales 表格

Date	Sales
Jan-07-1999	$250
Jan-10-1999	$535
Jan-11-1999	$320
Jan-12-1999	$750

我们要找出来所有有营业额(sales)的日子。要达到这个目的，可以用以下 SQL 语句：

```
SELECT Date FROM Store_Information
UNION
SELECT Date FROM Internet_Sales
```

结果：

Date
Jan-05-1999
Jan-07-1999
Jan-08-1999
Jan-10-1999
Jan-11-1999
Jan-12-1999

有一点值得注意的是，如果在任何一个 SQL 语句(或是两句都一起)用"SELECT DISTINCT Date"的话，会得到完全一样的结果。

B.18 UNION ALL

UNION ALL这个指令的目的也是要将两个SQL语句的结果合并在一起。UNION ALL 和 UNION不同之处在于UNION ALL会将每一笔符合条件的数据都列出来，无论数据值有无重复。

UNION ALL 的语法如下。

[SQL 语句 1] UNION ALL [SQL 语句 2]

我们用 B.17 小节的例子来显示出 UNION ALL 和 UNION 的不同。同样假设有以下两个表格：

Store_Information 表格

store_name	sales	date
Los Angeles	$1,500	jan-05-1999
San Francisco	$300	jan-08-1999
Boston	$700	jan-08-1999

Internet Sales 表格

date	sales
Jan-07-1999	$250
Jan-10-1999	$535
Jan-11-1999	$320
Jan-12-1999	$750

而我们要找出有店面营业额以及网络营业额的日子。要达到这个目的，需用以下的 SQL 语句：

```
SELECT Date FROM Store_Information
UNION ALL
SELECT Date FROM Internet_Sales
```

结果：

Date
Jan-05-1999
Jan-08-1999
Jan-08-1999
Jan-07-1999

（续表）

Date
Jan-10-1999
Jan-11-1999
Jan-12-1999

B.19 INTERSECT

与 UNION 指令类似，INTERSECT 也是对两个 SQL 语句所产生的结果做处理的。不同的地方是，UNION 基本上是一个 OR(如果这个值存在于第一句或是第二句，它就会被选出)，而 INTERSECT 则比较像 AND(这个值要存在于第一句和第二句才会被选出)。UNION 是联集，而 INTERSECT 是交集。

INTERSECT 的语法如下：

[SQL 语句 1] INTERSECT [SQL 语句 2]

假设我们有以下两个表格：

Store_Information 表格

store_name	sales	date
Los Angeles	$1,500	jan-05-1999
San Francisco	$300	jan-08-1999
Boston	$700	jan-08-1999

Internet Sales 表格

Date	Sales
Jan-07-1999	$250
Jan-10-1999	$535
Jan-11-1999	$320
Jan-12-1999	$750

而我们要找出哪几天有店面交易和网络交易。要达到这个目的，需用以下 SQL 语句：

```
SELECT Date FROM Store_Information
INTERSECT
SELECT Date FROM Internet_Sales
```

结果：

Date
Jan-07-1999

请注意，在 INTERSECT 指令下，不同的值只会被列出一次。

B.20 MINUS

MINUS 指令是运用在两个 SQL 语句上的。它先找出第一个 SQL 语句所产生的结果，然后看这些结果有没有在第二个 SQL 语句的结果中。如果有的话，那这一笔数据就被删除，而不会在最后的结果中出现。如果第二个 SQL 语句所产生的结果并没有存在于第一个 SQL 语句所产生的结果内，那这笔数据就被抛弃。

MINUS 的语法如下。

[SQL 语句 1] MINUS [SQL 语句 2]

我们继续使用前面的例子：

Store_Information 表格

store_name	sales	date
Los Angeles	$1,500	jan-05-1999
San Francisco	$300	jan-08-1999
Boston	$700	jan-08-1999

Internet Sales 表格

Date	Sales
Jan-07-1999	$250

(续表)

Date	Sales
Jan-10-1999	$535
Jan-11-1999	$320
Jan-12-1999	$750

而我们要知道有哪几天是有店面营业额而没有网络营业额的。要达到这个目的，需用以下 SQL 语句：

```
SELECT Date FROM Store_Information
MINUS
SELECT Date FROM Internet_Sales
```

结果：

Date
Jan-05-1999
Jan-08-1999

"Jan-05-1999""Jan-07-1999"和"Jan-08-1999"是"SELECT Date FROM Store_Information"所产生的结果。在这里，"Jan-07-1999"是存在于"SELECT Date FROM Internet_Sales"所产生的结果中。因此"Jan-07-1999"并不在最后的结果中。

请注意，在 MINUS 指令下，不同的值只会被列出一次。

B.21 Concatenate

有的时候，我们需要将由不同列获得的数据串连在一起。每一种数据库都提供相应的方法来达到这个目的。

- MySQL：CONCAT()
- Oracle：CONCAT(), ‖
- SQL Server：+

CONCAT()的语法如下：

CONCAT(字串 1, 字串 2, 字串 3, ...)：将字串 1、字串 2、字串 3 等字串连在一起

请注意，Oracle 的 CONCAT()只允许两个参数；换言之，一次只能将两个字串串连起来。不过，在 Oracle 中，我们可以用"‖"来一次串连多个字串。

来看几个例子。假设我们有以下表格：

Geography 表格

region_name	store_name
East	Boston
East	New York
West	Los Angeles
West	San Diego

例 1：MySQL/Oracle

```
SELECT CONCAT(region_name,store_name) FROM Geography
WHERE store_name = 'Boston';
```

结果：

'EastBoston'

例 2：Oracle

```
SELECT region_name ‖ ' ' ‖ store_name FROM Geography WHERE store_name = 'Boston';
```

结果：

'East Boston'

例 3：SQL Server

```
SELECT region_name + ' ' + store_name FROM Geography WHERE store_name = 'Boston';
```

结果：

'East Boston'

B.22　Substring

SQL 中的 substring 函数是用来抓取一个列数据中的其中一部分。这个函数的名称在不同的数据库中不完全一样。

- MySQL：SUBSTR(), SUBSTRING()
- Oracle：SUBSTR()
- SQL Server：SUBSTRING()

最常用到的方式如下(在这里我们以 SUBSTR()为例)：

SUBSTR(str,pos)：　由中，选出所有从第位置开始的字元

请注意，这个语法不适用于 SQL Server。

SUBSTR(str,pos,len)：　由中的第位置开始，选出接下去的字元

假设我们有以下表格：

Geography 表格

region_name	store_name
East	Boston
East	New York
West	Los Angeles
West	San Diego

例 1：

SELECT SUBSTR(store_name, 3) FROM Geography WHERE store_name = 'Los Angeles';

结果：

's Angeles'

例 2：

SELECT SUBSTR(store_name,2,4) FROM Geography WHERE store_name = 'San Diego';

结果：

'an D'

B.23 TRIM

SQL 中的 TRIM 函数用来移除一个字串中的字头或字尾。最常见的用途是移除字首或字尾的空白。这个函数在不同的数据库中有不同的名称。

- MySQL：TRIM(), RTRIM(), LTRIM()
- Oracle：RTRIM(), LTRIM()
- SQL Server：RTRIM(), LTRIM()

各种 trim()函数的语法如下。

TRIM([[位置] [要移除的字串] FROM] 字串)： [位置]的可能值为 LEADING (起头), TRAILING (结尾), orBOTH (起头及结尾)。

这个函数将把 [要移除的字串] 从字串的起头、结尾，或是起头及结尾移除。如果我们没有列出 [要移除的字串] 是什么的话，那空白就会被移除。

LTRIM(字串)：将所有字串起头的空白移除。

RTRIM(字串)：将所有字串结尾的空白移除。

例 1：

```
SELECT TRIM(' Sample ');
```

结果：

```
'Sample'
```

例 2：

```
SELECT LTRIM(' Sample ');
```

结果：

```
'Sample '
```

例 3：

```
SELECT RTRIM(' Sample ');
```

结果：

```
' Sample'
```

B.24 Create Table

表格是数据库中存储数据的基本架构。在绝大部分的情况下，数据库厂商不可能知道用户需要如何存储数据，所以通常用户会需要自己在数据库中建立表格。虽然许多数据库工具可以让用户在不需用到 SQL 的情况下建立表格，不过由于表格是一个最基本的架构，我们决定将 CREATE TABLE 的语法包括在这个网站中。

在使用 CREATE TABLE 的语法之前，最好先对表格有更多一点的了解。表格被分为列(column)及列位(row)。每一列代表一笔数据，而每一栏代表一笔数据的一部分。举例来说，如果我们有一个记载顾客数据的表格，那列就有可能包括姓、名、地址、城市、生日等。当我们对表格下定义时，需要注明列的标题，以及列的数据种类。

那么数据种类是什么呢？数据可能是以许多不同的形式存在的，它可能是一个整数(如1)、一个实数(如 0.55)、一个字串(如'sql')、一个日期/时间(如 '2000-JAN-25 03：22：22')，甚至是以二进制法(binary)的状态存在。当我们在对一个表格下定义时，需要对每一个列的数据种类下定义(如"姓"这个列的数据种类是 char(50)——代表这是一个 50 个字符的字串)。需要注意的一点是，不同的数据库有不同的数据种类，所以在对表格做出定义之前最好先参考一下数据库本身的说明。

CREATE TABLE 的语法如下：

```
CREATE TABLE "表格名"
("列 1" "列 1 数据种类",
"列 2" "列 2 数据种类",
... )
```

若要建立上面提过的顾客表格，就输入以下的SQL语句：

```
CREATE TABLE customer
(First_Name char(50),
Last_Name char(50),
Address char(50),
City char(50),
Country char(25),
Birth_Date date)
```

B.25 Create View

视图(Views)可以被当作是虚拟表格。它跟表格不同的是，表格中有实际储存数据，而视图是建立在表格之上的一个架构，它本身并不实际储存数据。

建立一个视图的语法如下：

CREATE VIEW "VIEW_NAME" AS "SQL 语句"

"SQL 语句"可以是任何一个我们在本书中提到的 SQL。

来看一个例子。假设我们有以下表格：

TABLE Customer
(First_Name char(50),
Last_Name char(50),
Address char(50),
City char(50),
Country char(25),
Birth_Date date)

若要在这个表格上建立一个包括 First_Name、Last_Name 和 Country 三个列的视图，就输入：

CREATE VIEW V_Customer
AS SELECT First_Name, Last_Name, Country
FROM Customer

现在，就有一个叫作 V_Customer 的视图：

View V_Customer
(First_Name char(50),
Last_Name char(50),
Country char(25))

我们也可以用视图来连接两个表格。在这个情况下，用户就可以直接由一个视图中找出他要的信息，而不需要在两个不同的表格中去做一次连接的动作。假设有以下的两个表格：

Store_Information 表格

store_name	sales	date
Los Angeles	$1,500	jan-05-1999
San Francisco	$300	jan-08-1999
Boston	$700	jan-08-1999

Geography 表格

region_name	store_name
East	Boston
East	New York
West	Los Angeles
West	San Diego

我们就可以用以下的指令来建一个包括每个地区(region)销售额(sales)的视图:

```
CREATE VIEW V_REGION_SALES
AS SELECT A1.region_name REGION, SUM(A2.Sales) SALES
FROM Geography A1, Store_Information A2
WHERE A1.store_name = A2.store_name
GROUP BY A1.region_name
```

这就让我们有一个名为 V_REGION_SALES 的视图了。这个视图包含了不同地区的销售情况。如果要从这个视图中获取数据,就输入:

```
SELECT * FROM V_REGION_SALES
```

结果:

REGION	SALES
East	$700
West	$2050

B.26 Create Index

　　索引(Index)可以帮助我们从表格中快速地找到需要的数据。举例来说，假设我们要在一本园艺书中找如何种植青椒的信息。若这本书没有索引的话，那必须要从头开始读，直到我们找到有关种植青椒的地方为止。若这本书有索引的话，就可以先去索引找出种植青椒的信息是在哪一页，然后直接到那一页去阅读。

　　很明显，运用索引是一种有效且省时的方式。从数据库表格中寻找数据也是同样的原理。如果一个表格没有索引，数据库系统就需要将整个表格的数据读出(这个过程叫作"table scan")。若有适当的索引存在，数据库系统就可以先由这个索引去找出需要的数据是在表格的什么地方，然后直接去那些地方抓取数据。这样速度就快多了。因此，在表格上建立索引是一件有利于系统效率的事。一个索引可以涵盖一个或多个列。建立索引的语法如下：

```
CREATE INDEX "INDEX_NAME" ON "TABLE_NAME" (COLUMN_NAME)
```

　　现在假设我们有以下这个表格：

```
TABLE Customer
(First_Name char(50),
Last_Name char(50),
Address char(50),
City char(50),
Country char(25),
Birth_Date date)
```

　　若要在 Last_Name 这个列上建一个索引，就输入以下的指令：

```
CREATE INDEX IDX_CUSTOMER_LAST_NAME on CUSTOMER (Last_Name)
```

　　若要在 Last_Name 这个列上建一个索引，就输入以下的指令：

```
CREATE INDEX IDX_CUSTOMER_LOCATION on CUSTOMER (City, Country)
```

　　索引的命名并没有一个固定的方式。常用的方式是在名称前加一个字首，如"IDX_"，来避免与数据库中的其他对象混淆。另外，在索引名之内包括表格名及列名也是一个好的方式。

　　请读者注意，每个数据库会有它本身的 CREATE INDEX 语法，而不同数据库的语法会有所不同。因此，在下指令前，请先在数据库使用手册中确认正确的语法。

B.27   Alter Table

在表格被建立在数据库中后，我们常常会发现，这个表格的结构需要有所改变。常见的改变如下。

- 增加一个列

- 删去一个列

- 改变列名称

- 改变列的数据种类

以上列出的改变并不是所有可能的改变。ALTER TABLE 也可以被用来做其他的改变，如改变主键定义。

ALTER TABLE 的语法如下。

ALTER TABLE "table_name" [改变方式]

[改变方式]的详细写法会依我们想要达到的目标而有所不同。在以上列出的改变中，[改变方式] 如下。

- 加一个列：ADD"列 1""列 1 数据种类"

- 删去一个列：DROP"列 1"

- 改变列名称：CHANGE"原本列名""新列名""新列名数据种类"

- 改变列的数据种类：MODIFY"列 1""新数据种类"

以下我们用在 CREATE TABLE 一页建出的 customer 表格来当作例子：

customer 表格

列　名　称	数　据　种　类
First_Name	char(50)
Last_Name	char(50)
Address	char(50)
City	char(50)
Country	char(25)
Birth_Date	date

我们要加入一个叫作"gender"的列。这可以用以下的指令达成：

ALTER table customer add Gender char(1)

这个指令执行后的表格架构是：

customer 表格

列 名 称	数 据 种 类
First_Name	char(50)
Last_Name	char(50)
Address	char(50)
City	char(50)
Country	char(25)
Birth_Date	date
Gender	char(1)

接下来，要把"Address"列改名为"Addr"。这可以用以下的指令达成：

ALTER table customer change Address Addr char(50)

这个指令执行后的表格架构是：

customer 表格

列 名 称	数 据 种 类
First_Name	char(50)
Last_Name	char(50)
Addr	char(50)
City	char(50)
Country	char(25)
Birth_Date	date
Gender	char(1)

再来，我们要将"Addr"列的数据种类改为 char(30)。这可以用以下的指令达成：

ALTER table customer modify Addr char(30)

这个指令执行后的表格架构是：

customer 表格

列 名 称	数 据 种 类
First_Name	char(50)
Last_Name	char(50)
Addr	char(50)
City	char(50)
Country	char(25)
Birth_Date	date
Gender	char(1)

最后，删除"Gender"列。这可以用以下的指令达成：

ALTER table customer drop Gender

这个指令执行后的表格架构是：

customer 表格

列 名 称	数 据 种 类
First_Name	char(50)
Last_Name	char(50)
Addr	char(30)
City	char(50)
Country	char(25)
Birth_Date	date

B.28 主键

主键(Primary Key)中的每一笔数据都是表格中的唯一值。换言之，它是用来独一无二地确认一个表格中的每一行数据。主键可以是原本数据内的一个列，或是一个人造列(与原本数据没有关系的列)。主键可以包含一个或多个列。当主键包含多个列时，称为组合键

(Composite Key)。主键可以在建置新表格时设定(运用 CREATE TABLE 语句)，或是以改变现有的表格架构方式设定(运用 ALTER TABLE)。

以下列出几个在建置新表格时设定主键的方式。

- MySQL

```
CREATE TABLE Customer
(SID integer,
Last_Name varchar(30),
First_Name varchar(30),
PRIMARY KEY (SID));
```

- Oracle

```
CREATE TABLE Customer
(SID integer PRIMARY KEY,
Last_Name varchar(30),
First_Name varchar(30));
```

- SQL Server

```
CREATE TABLE Customer
(SID integer PRIMARY KEY,
Last_Name varchar(30),
First_Name varchar(30));
```

以下则是以改变现有表格架构来设定主键的方式。

- MySQL

```
ALTER TABLE Customer ADD PRIMARY KEY (SID);
```

- Oracle

```
ALTER TABLE Customer ADD PRIMARY KEY (SID);
```

- SQL Server

```
ALTER TABLE Customer ADD PRIMARY KEY (SID);
```

请注意，在用 ALTER TABLE 语句来添加主键之前，需要确认被用来当作主键的列是设定为"NOT NULL"；也就是说，那个列一定不能没有数据。

B.29　外键

外键是一个(或数个)指向另外一个表格主键的列。外键的目的是确定数据的参考完整性(referential integrity)。换言之，只有被准许的数据值才会被存入数据库内。

举例来说，假设我们有两个表格：一个 CUSTOMER 表格，里面记录了所有顾客的数据；另一个 ORDERS 表格，里面记录了所有顾客订购的数据。在这里的一个限制，就是所有的订购数据中的顾客，都一定是要跟在 CUSTOMER 表格中存在。在这里，我们就会在 ORDERS 表格中设定一个外键，而这个外键是指向 CUSTOMER 表格中的主键。这样一来，我们就可以确定所有在 ORDERS 表格中的顾客都存在 CUSTOMER 表格中。换句话说，ORDERS 表格之中，不能有任何顾客是不存在于 CUSTOMER 表格中的数据。

这两个表格的结构如下：

CUSTOMER 表格

列　　名	性　　质
SID	主键
Last_Name	
First_Name	

ORDERS 表格

列　　名	性　　质
Order_ID	主键
Order_Date	
Customer_SID	外键
Amount	

在以上的例子中，ORDERS 表格中的 customer_SID 列是一个指向 CUSTOMERS 表格中 SID 列的外键。

以下列出几个在建置 ORDERS 表格时指定外键的方式。

- MySQL

```
CREATE TABLE ORDERS
(Order_ID integer,
Order_Date date,
Customer_SID integer,
Amount double,
Primary Key (Order_ID),
Foreign Key (Customer_SID) references CUSTOMER(SID));
```

- Oracle

```
CREATE TABLE ORDERS
(Order_ID integer primary key,
Order_Date date,
Customer_SID integer references CUSTOMER(SID),
Amount double);
```

- SQL Server

```
CREATE TABLE ORDERS
(Order_ID integer primary key,
Order_Date datetime,
Customer_SID integer references CUSTOMER(SID),
Amount double);
```

以下的例子则是借着改变表格架构来指定外键。这里假设 ORDERS 表格已经被建置，而外键尚未被指定。

- MySQL

```
ALTER TABLE ORDERS
ADD FOREIGN KEY (customer_sid) REFERENCES CUSTOMER(sid);
```

- Oracle

```
ALTER TABLE ORDERS
ADD (CONSTRAINT fk_orders1) FOREIGN KEY (customer_sid) REFERENCES CUSTOMER(sid);
```

- SQL Server

```
ALTER TABLE ORDERS
ADD FOREIGN KEY (customer_sid) REFERENCES CUSTOMER(sid);
```

B.30 Drop Table

有时候我们会决定需要从数据库中清除一个表格。事实上，如果我们不能这样做的话，那将会是一个很大的问题，因为数据库管理师(Database Administrator，DBA)势必无法对数据库做有效率的管理。还好，SQL 有提供一个 DROP TABLE 的语法来让我们清除表格。

DROP TABLE 的语法是：

DROP TABLE "表格名"

我们如果要清除在 SQL CREATE 中建立的顾客表格，就输入：

DROP TABLE customer.

B.31 Truncate Table

有时候我们会需要清除一个表格中的所有数据。要达到这个目的，一种方式是在 SQL DROP 那一章节看到的 DROP TABLE 指令。不过这样整个表格就消失，而无法再被使用了。另一种方式就是运用 TRUNCATE TABLE 的指令。在这个指令之下，表格中的数据会完全消失，可是表格本身会继续存在。

TRUNCATE TABLE 的语法如下。

TRUNCATE TABLE "表格名"

所以，如果要清除在 SQL Create 那一页建立的顾客表格之内的数据，就输入：

TRUNCATE TABLE customer.

B.32 Insert Into

到目前为止，我们学到了如何将数据由表格中取出。但是这些数据是如何进入这些表格的呢？这就是本节(INSERT INTO)和下一节(UPDATE)要讨论的。基本上，我们有两种做法可以将数据输入表格内。一种是一次输入一笔，另一种是一次输入好几笔。我们先来看一次输入一笔的方式。

依照惯例，我们先介绍语法。一次输入一笔数据的语法如下：

INSERT INTO "表格名" ("列 1", "列 2", ...) VALUES ("值 1", "值 2", ...)

假设我们有一个架构如下的表格：

Store_Information 表格

Column Name	Data Type
store_name	char(50)
Sales	float
Date	datetime

而要将以下的这一笔数据加入这个表格中：在 January 10, 1999，Los Angeles 店有$900 的营业额。输入以下 SQL 语句：

INSERT INTO Store_Information (store_name, Sales, Date)
VALUES ('Los Angeles', 900, 'Jan-10-1999')

第二种 INSERT INTO 能够让我们一次输入多笔的数据。与上面的例子不同的是，现在我们要用 SELECT 指令来指明要输入表格的数据。如果想说，数据是不是从另一个表格来的，那就想对了。一次输入多笔的数据的语法是：

INSERT INTO "表格 1" ("列 1", "列 2", ...)
SELECT "列 3", "列 4", ...
FROM "表格 2"

以上的语法是最基本的。这整句 SQL 也可以含有 WHERE、GROUP BY 及 HAVING 等子句，以及表格连接及别名等。

举例来说，若我们想要将 1998 年的营业额数据放入Store_Information表格，而我们知道数据的来源是可以由Sales_Information表格取得的话，那我们就可以输入以下的SQL语句。

INSERT INTO Store_Information (store_name, Sales, Date)
SELECT store_name, Sales, Date
FROM Sales_Information
WHERE Year(Date) = 1998

在这里用了 SQL Server 中的函数来在日期中找出年。不同的数据库会有不同的语法。举例来说，在 Oracle 上，将会使用 WHERE to_char(date,'yyyy')=1998。

B.33 Update

有时候可能会需要修改表格中的数据。在这个时候，就需要用到 UPDATE 指令。这个指令的语法是：

```
UPDATE "表格名"
SET "列 1" = [新值]
WHERE {条件}
```

最容易了解这个语法的方式是透过一个例子。假设有以下表格：

Store_Information 表格

store_name	Sales	Date
Los Angeles	$1,500	Jan-05-1999
San Diego	$250	Jan-07-1999
Los Angeles	$300	Jan-08-1999
Boston	$700	Jan-08-1999

我们发现 Los Angeles 在 01/08/1999 的营业额实际上是$500，而不是表格中所存储的$300，因此可以用以下的 SQL 来修改该笔数据：

```
UPDATE Store_Information
SET Sales = 500
WHERE store_name = "Los Angeles"
AND Date = "Jan-08-1999"
```

现在表格的内容变成：

Store_Information 表格

store_name	Sales	Date
Los Angeles	$1500	Jan-05-1999
San Diego	$250	Jan-07-1999
Los Angeles	$500	Jan-08-1999
Boston	$700	Jan-08-1999

在这个例子中，只有一笔数据符合 WHERE 子句中的条件。如果有多笔数据符合条件的话，每一笔符合条件的数据都会被修改的。

我们也可以同时修改好几个列。语法如下：

```
UPDATE "表格"
SET "列 1" = [值 1], "列 2" = [值 2]
WHERE {条件}
```

B.34 Delete

在某些情况下，我们会需要直接在数据库中删除一些数据。这可以借由DELETE FROM 指令来实现。它的语法是：

DELETE FROM "表格名" WHERE {条件}

以下我们用一个实例说明。假设有以下表格：

Store_Information 表格

store_name	Sales	Date
Los Angeles	$1500	Jan-05-1999
San Diego	$250	Jan-07-1999
Los Angeles	$300	Jan-08-1999
Boston	$700	Jan-08-1999

而我们需要将有关 Los Angeles 的数据全部删除。在这里可以用以下的 SQL 来达到这个目的。

DELETE FROM Store_Information WHERE store_name = "Los Angeles"

现在表格的内容变成：

Store_Information 表格

store_name	Sales	Date
San Diego	$250	Jan-07-1999
Boston	$700	Jan-08-1999

学生选课系统项目设计

课程目标

▶ 完成学生管理系统数据库设计。

▶ 完成数据操作。

C.1 项目概要

武汉某公司为某大学拟开发一套统计学生选课的系统，该系统包括学生档案管理、学生成绩管理、课程信息管理等模块。

开发此系统共涉及两大部分：

(1) 后台数据库的设计。

(2) 前台界面的开发(后期使用 Java 开发)。

本次项目重点讨论后台数据库的设计。

C.2 项目目标

● 熟练运用查询分析器和企业管理器建库、建表、建约束。

● 熟练运用查询分析器对数据进行增、删、改、查。

C.3 项目描述

● 需要创建三张表：学生信息表、学生成绩表、课程信息表，一个人允许修多门课程，一门课程允许多个人修。

● 需要设计的表：

(1) 学生信息表(StuInfo)

◆ 学号(StuID)　　　　int　　　主键

◆ 姓名(StuName)　　　char(10)　非空

◆ 性别(StuSex)　　　　bit　　　非空默认是 1(表示'男')

◆ 年龄(StuAge)　　　　int　　　非空必须在 15～50 之间

(2) 学生成绩表(StuExam)

◆ 课程号(CourseNO)　int

◆ 学号(StuID)　　　　int

◆ 分数(Score)　　　　int　　　非空

注意

学号和课程号是联合主键，课程号是 CourseInfo 的外键，学号是 StuInfo 的外键。

分数是以 0~100 来计算，只有成绩>=60 才能获得这门课的学分。

(3) 课程信息表(CourseInfo)

◆ 课程号(CourseNO)　　　　int　　　主键
◆ 课程名称(CourseName)　char(20)　非空　　　唯一键
◆ 学分(Marks)　　　　　　int　　　非空　　　值在(1~5 之间)默认是 1

C.4　需求分析

- 学生信息表里面学号是主键。
- 课程信息表里面课程号是主键。
- 学生成绩表中学号一定是学生信息表中的学号。
- 学生成绩表中课程号是课程信息表中的课程号。
- 我们需要对以上三张表的数据进行增、删、改。
- 为了报表中学生的信息和成绩等信息，我们需要利用查询来对学生信息各方面进行统计。

C.5　项目实践

第一阶段：建立数据库

阶段描述：

建立数据库、表、约束。

第二阶段：管理数据库

阶段描述：

对数据进行管理。

要点分析：

我们需要使用查询分析器来建立数据库、表以及约束，在这一阶段将完成对数据库的设计，具体步骤如下。

1. 建库

参考代码：

```
CREATE DATABASE Students
ON PRIMARY                          -- 默认就属于 PRIMARY 主文件组，可省略
(
    -- 数据文件的具体描述
    NAME='Students_data',           --主数据文件的逻辑名
    FILENAME='E：\temp\Students_data.mdf',  --主数据文件的物理名
    SIZE=5mb,                       --主数据文件的初始大小
    MAXSIZE=50mb,                   --主数据文件增长的最大值
    FILEGROWTH = 10%                --主数据文件的增长率
)
LOG ON
(
    --日志文件的具体描述，各参数含义同上
    NAME='Students_log',
    FILENAME='E：\temp\Students_log.ldf',
    SIZE=1mb,
    FILEGROWTH=1mb
)
GO
```

2. 建表

参考代码：

```
USE Students                        --将当前数据库设置为 Students
GO

CREATE TABLE StuInfo               --创建学生信息表(StuInfo )
(
    StuID int NOT NULL,             --学生学号，非空
    StuName char(10) NOT NULL,      --学生姓名，非空
    StuSex bit NOT NULL,            --学生性别，非空
     StuAge int NOT NULL            --学生的年龄
)
GO
```

```
CREATE TABLE StuExam --创建学生成绩表(StuExam )
(
    CourseNO int NOT NULL,              --课程号
    StuID int NOT NULL,                 --学号
    Score int NOT NULL                  --成绩
)
GO
CREATE TABLE CourseInfo --创建课程信息表(CourseInfo)
(
    CourseNO int NOT NULL,              --课程号
    CourseName char(20) NOT NULL,       --课程名称
    Marks int NOT NULL                  --学分
)
GO
```

3. 建立约束

参考代码如下：

```
--为学生信息表添加主键
ALTER TABLE StuInfo
ADD CONSTRAINT PK_StuID PRIMARY KEY (StuID)
--为学生信息表添加默认约束
ALTER TABLE StuInfo
ADD CONSTRAINT DF_StuSex
DEFAULT (1) FOR StuSex
GO
```

其他的约束自己完成……

4. 插入测试数据

参考代码如下：

```
--为学生信息表添加数据
INSERT INTO StuInfo(StuID,StuName,StuSex,StuAge) VALUES(1,'猪八戒',1,20)

--为课程信息表添加数据
INSERT INTO CourseInfo(CourseNO,CourseName,Marks) VALUES(1,'心理学',3)

--为学生成绩表添加约束
INSERT INTO StuExam(CourseNO,StuID,Score) VALUES(1,1,75)
```

其他的数据由自己输入……

5. 管理数据

(1) 查询三张表的数据，检查插入的数据是否正确

参考代码如下：

```
SELECT * FROM StuInfo

SELECT * FROM StuExam

SELECT * FROM CourseInfo
```

结果如图 C-1 所示。

图 C-1　查询三张表的数据

(2) 查询女学生的姓名

参考代码：

```
SELECT * FROM StuInfo WHERE StuSex=0
```

结果是如图 C-2 所示。

图 C-2　查询女学生的姓名

(3) 查询所有选课成绩都及格的学员的学号

参考代码：

```
SELECT StuID FROM StuExam
group by StuID
having min(Score)>=60
```

结果如图 C-3 所示。

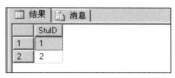

图 C-3　查询所有选课成绩都及格的学员的学号

(4) 统计选课的科目超过 2 门的学员的学号

```
SELECT StuID FROM StuExam
group by StuID
having count(StuID)>=2
```

结果如图 C-4 所示。

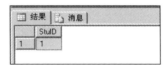

图 C-4　查询选课科目超过 2 门的学员的学号

(5) 统计没有选课的学员的学号

```
SELECT StuID FROM StuInfo
WHERE StuID NOT IN
(
SELECT StuInfo.StuID FROM StuInfo,StuExam
WHERE StuInfo.StuID=StuExam.StuID
)
```

结果如图 C-5 所示。

图 C-5　查询没有选课的学员的学号

(6) 将所有选课的成绩之和超过 200 分的学员的学号统计出来

参考代码如下：

```
SELECT StuExam.StuID FROM StuInfo,StuExam
where StuInfo.StuID=StuExam.StuID
group by StuExam.StuID
having SUM(Score)>200
```

结果如图 C-6 所示。

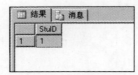

图 C-6 查询所有选课成绩之和超过 200 分的学员的学号

(7) 修改数据，将所有成绩为 55 分到 60 分的成绩都统一加 5 分

参考代码如下：

```
UPDATE StuExam SET Score=Score+5
WHERE Score BETWEEN 55 AND 60
```

(8) 删除数据，将所有成绩在 30 分以下(包含 30 分)的信息都删除

```
DELETE FROM StuExam
WHERE Score <=30
```

6. 将数据库导出成为.xls

将 Students 数据库里面的数据以.xls 的形式存放。

7. 分离数据库

将 Students 数据库从 SQL Server 数据库列表中分离。

常用函数的使用

 课程目标

▶ 掌握项目需求。

▶ 掌握项目分析过程。

▶ 掌握项目实践。

D.1 项目概要

留言板是网站与用户之间交流的场所，用户在浏览网站时的疑惑或问题可以通过网站所提供的留言板给网站留言。网站管理员在查看了用户留言后，可做出相应的回应。

D.2 项目目标

- SQL Server 数据库的应用。
- 数据库操作。

D.3 项目描述

- 留言板的主要功能是用户留言，并且管理员能够对用户的留言进行审核，审核通过则显示，否则隐藏用户的留言。
- 对用户需要解决的问题进行回复，对用户的一些恶意留言进行删除处理。
- 显示每一条留言的详细内容，管理员能够对用户的留言进行回复或者删除。

D.4 需求分析

- 本项目使用一张表存储留言板所需要的所有数据。
- 主页面显示"我要留言"和"留言管理"两个功能，"留言管理"需要输入管理员密码才可进入。
- 用户查看留言后可以选择进行回复留言。

D.5 项目实践

第一阶段：数据库设计

阶段描述：

创建一个 liuyanban 数据表用于存储所需要的所有数据。表结构如表 D-1 所示。

表 D-1 liuyanban 表结构

序号	字段名	字段描述	字段类型	字段长度	是否为空	备注
1	Id	留言序号	Int		Not null	主键
2	Title	留言标题	varchar	50	Not null	
3	Name	留言人姓名	Varchar	20		
4	Mail	电子邮件	Varchar	50		
5	Web	个人主页	Varchar	100		
6	Qq	QQ	Varchar	15		
7	Ip	IP 地址	Varchar	20		
8	Tim	留言日期	Datetime			
9	Text	留言内容	Text			
10	Retxt	回复内容	Text			
11	Redate	回复日期	Datetime			
12	Isre	是否回复	Char	2	Not null	
13	test	隐藏评论	varchar	3	Not null	

第二阶段：添加留言和查看留言板块

阶段描述：

用户可以在登录留言板系统时直接进行留言。系统可设置直接在主页上添加用户的留言还是在新的页面添加留言，不论是采用哪种方式添加留言，其添加留言模块的内容也是一样的，首页添加留言如图 D-1 所示。

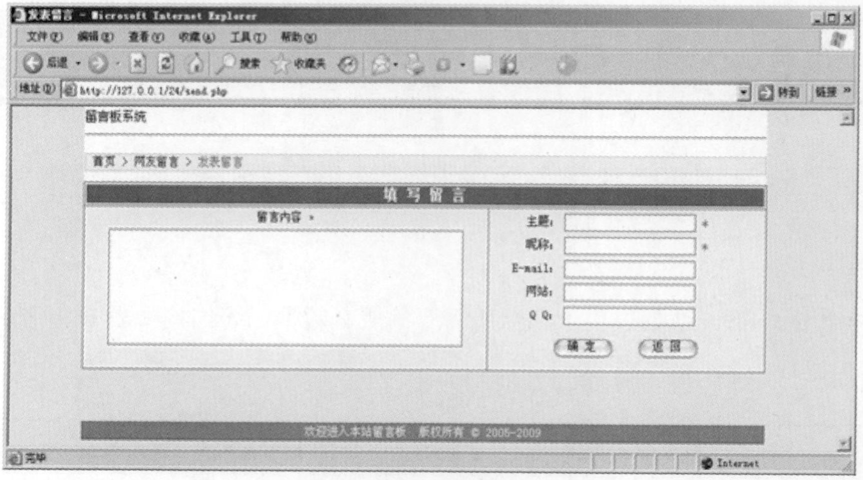

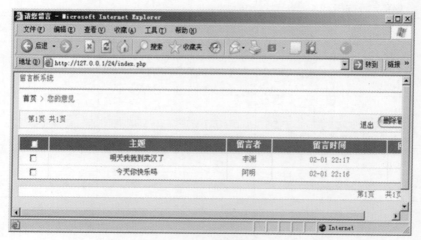

图 D-1　首页添加留言

(1) 写出添加留言信息 SQL 代码

查看留言模块:

在查看留言页面时可以查看所有通过审核的留言,由于留言可能会很多,因此需要分页显示所有留言,效果如图 D-2 所示。

图 D-2　分页显示留言

(2) 写出查询留言信息 SQL 代码

第三阶段: 显示留言详细内容

阶段描述:

在查看留言时,单击每一条留言的标题即可跳转至显示该条留言的详细信息的页面,效果如图 D-3 所示。

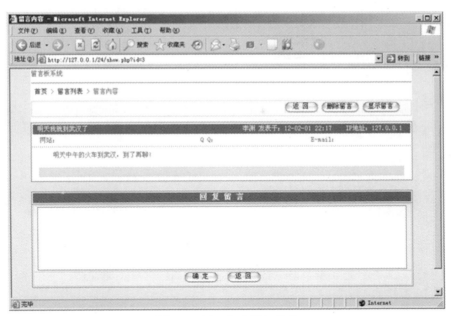

图 D-3　显示留言详细信息

请写出根据编号查询详细留言信息的 SQL 代码。

第四阶段：登录模块

阶段描述：

通常在用户留言后，管理员需要登录留言板系统后，才能看到用户审核未通过的留言，管理员可根据其内容采取相应的措施。例如，用户留言询问问题，管理员可以直接回复该用户；用户恶意留言，管理员可以将其留言删除等。

管理员通过单击"留言管理"按钮，跳转到"登录管理页面"进行登录，登录管理页面如图 D-4 所示。

图 D-4　管理员登录

请写出根据管理员登录的 SQL 代码。

第五阶段：回复留言模块

阶段描述：

管理员在登录后查看某条留言时，若该条留言还未回复，则将在该条留言的详细内容下面显示回复留言板，如图 D-5 所示。

图 D-5　未回复留言模块

如果已经回复过，效果如图 D-6 所示。

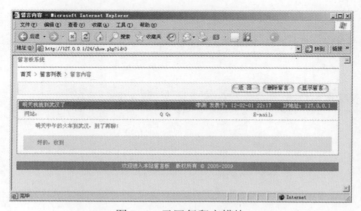

图 D-6　已回复留言模块

请写出以上效果的 SQL 查询代码。

第六阶段：删除留言模块

阶段描述：

对于一些垃圾留言，管理员可在登录后，删除该网友的留言，删除留言可以在两个地方进行操作。管理员登录后，在查看多条留言信息时，可选中多条留言，然后单击"删除留言"按钮，一次性删除选中的留言。效果如图 D-7 所示。

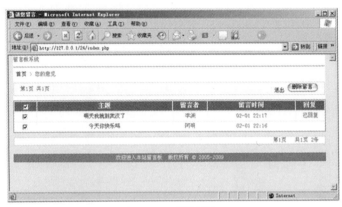

图 D-7　删除留言

请写出删除留言的 SQL 代码。